Hélio Martins Fontes Junior

Passagem de peixes e canoagem no maior sistema de transposição de peixes

Hélio Martins Fontes Junior

Passagem de peixes e canoagem no maior sistema de transposição de peixes

ScienciaScripts

Imprint

Any brand names and product names mentioned in this book are subject to trademark, brand or patent protection and are trademarks or registered trademarks of their respective holders. The use of brand names, product names, common names, trade names, product descriptions etc. even without a particular marking in this work is in no way to be construed to mean that such names may be regarded as unrestricted in respect of trademark and brand protection legislation and could thus be used by anyone.

Cover image: www.ingimage.com

This book is a translation from the original published under ISBN 978-620-2-06589-4.

Publisher:
Sciencia Scripts
is a trademark of
Dodo Books Indian Ocean Ltd. and OmniScriptum S.R.L publishing group

120 High Road, East Finchley, London, N2 9ED, United Kingdom
Str. Armeneasca 28/1, office 1, Chisinau MD-2012, Republic of Moldova, Europe
Printed at: see last page
ISBN: 978-620-7-86852-0

Conteúdo

O autor agradece à Itaipu Binacional pelo apoio financeiro e institucional a esta pesquisa científica, à CBCa (Confederação Brasileira de Canoagem) pela cooperação e ao IBAMA (Instituto Brasileiro do Meio Ambiente e dos Recursos Naturais Renováveis) que autorizou o estudo.

Agradecemos também às muitas pessoas que auxiliaram na coleta e análise dos dados, especialmente Luiz Carlos Gomes e João Dirço Latini, ambos do Nupélia - Universidade Estadual de Maringá, Sergio Makrakis da Unioeste (Universidade Estadual do Oeste do Paraná), Theodore Castro-Santos do Serviço Geológico dos Estados Unidos e aos colegas de trabalho da Itaipu Domingo Rodriguez Fernandez, André Luiz Watanabe e Sandro Alves Heil.

Apresentação

Os sistemas de transposição de peixes são bastante comuns no hemisfério norte, onde existem milhares destas estruturas concebidas para permitir que as espécies com uma grande área de residência completem o seu ciclo de vida. Os estudos sobre a funcionalidade das chamadas passagens para peixes, bem como sobre a biologia das espécies que as utilizam, são também relativamente abundantes.

Até o início do século XXI estimava-se que existiam mais de 13.000 passagens para peixes em todo o mundo (Martins, 2000). Na América do Sul, são conhecidos pouco mais de 50 mecanismos que permitem a transposição de peixes através de barragens e ainda há muitas dúvidas sobre sua funcionalidade e eficácia (Agostinho *et al.*, 2002 e 2007; Lira *et al.*, 2017). A diversidade biológica consideravelmente maior na região neotropical também impede o conhecimento mais amplo do comportamento das espécies de peixes, particularmente daquelas consideradas migradoras de longa distância.

Antes da construção da barragem de Itaipu, as cachoeiras de Sete Quedas representavam uma barreira geográfica para a migração ascendente de peixes no rio Paraná, na América do Sul. Assim, as quedas dividiam o rio em duas províncias ictiofaunísticas distintas (Bonetto, 1986). Após a implantação do projeto hidrelétrico de Itaipu, essa barreira natural foi substituída pela barragem localizada a aproximadamente 170 km a jusante. Com a formação do reservatório em 1982, as quedas d'água foram afogadas, permitindo a dispersão dos peixes entre o baixo e o alto rio Paraná, e a barragem de Itaipu tornou-se uma barreira para os peixes migradores, privando-os do acesso à vasta planície de inundação a montante das quedas submersas, que é uma importante área de desova, desenvolvimento inicial e alimentação para essas espécies de peixes.

A central hidroelétrica de Itaipu, com uma capacidade instalada de 14 000 MW, é um projeto binacional localizado no rio Paraná, na fronteira entre o Brasil e o Paraguai.

Em 1996, o Governo do Estado do Paraná - Brasil, lançou o Programa Costa Oeste, visando à implantação de projetos de desenvolvimento sustentável na região oeste do Estado, incluindo o reservatório de Itaipu. Nesse contexto, por meio de uma parceria entre o governo do Estado e a Itaipu Binacional, foi concebido o projeto Canal da Piracema, originalmente denominado "Parque da Barragem", que previa, além da finalidade principal de passagem de peixes, a criação de um complexo para o desenvolvimento de atividades culturais, esportivas e recreativas (Fiorini *et al.*, 2006). Assim, o Canal da Piracema, em sua conceção, tem basicamente duas finalidades: i) Estabelecer uma conexão viável para a ictiofauna a montante e a jusante da barragem de Itaipu, criando condições para a migração de peixes e permitindo um fluxo gênico ao longo da bacia do rio Paraná; ii) Criar condições para o desenvolvimento de esportes aquáticos com ênfase nas modalidades de canoagem e rafting, sob algumas condicionantes ambientais.

O projeto teve como diferencial a utilização do rio Bela Vista, um pequeno afluente que deságua na margem esquerda do rio Paraná, aproximadamente 4,0 km a jusante da usina. Assim como o rio Paraná, o Bela Vista também teve seu leito seccionado pela barragem de Itaipu, de modo que sua bacia hidrográfica ficou reduzida à área utilizada para a implantação do Projeto Itaipu.

O Canal da Piracema foi concluído e inaugurado em 2002, ou seja, 20 anos após a formação do reservatório de Itaipu, restabelecendo assim uma passagem viável para os peixes em migração ascendente. O Canal tem 10,3 km de extensão e um ganho de elevação total de 120 m. O rio Bela Vista é a entrada do Canal da Piracema e também seu trecho principal, que se estende por aproximadamente 6,4 km até a confluência com o córrego Brasília. Juntos, esses dois cursos d'água naturais respondem por cerca de 65% da extensão total do sistema, por isso é considerado um canal de desvio parcialmente natural. A parte restante do sistema, com aproximadamente 3,6 km de extensão desde o córrego Brasília até o reservatório de Itaipu, é formada por um conjunto de canais, escadas e lagos, alimentados por uma tomada d'água na extremidade esquerda da barragem de Itaipu (Fig. 1). Os lagos servem como áreas de descanso para peixes migratórios e habitat para espécies sedentárias.

Figura 1. Vista aérea do Canal da Piracema da barragem de Itaipu.

Os critérios de conceção definidos pelos especialistas em Ictiologia e adoptados para o dimensionamento das estruturas com o objetivo de garantir condições migratórias adequadas, foram

• Velocidade média da água nas secções transversais ao longo de todo o comprimento do sistema de transposição de peixes não superior a 3 m/s;

• Profundidades mínimas de água de 0,80 m nas secções entre obstáculos ou com fluxo normal;

• Área da secção transversal húmida não inferior a 4,0 m^2 em todo o sistema.

Com base em cálculos hidráulicos e ensaios em modelo, verificou-se que o caudal para o funcionamento do sistema de acordo com os requisitos acima referidos seria de 11,4 m^3 /s. O controlo dos caudais e velocidades é feito por um conjunto de estruturas e comportas especialmente concebidas para conjugar os critérios do projeto.

As características do projeto estão bem descritas em Fiorini *et al*. (2006). O Canal da Piracema é um sistema único na região neotropical, seja por suas características construtivas, seja por sua grande extensão. Foi inaugurado em 21 de dezembro de 2002 e desde 2005 vem sendo monitorado e estudado, tendo sido objeto de três teses de doutorado (Hahn, 2007; Makrakis,

2007; Fontes Júnior, 2012).

A foz do rio Bela Vista (entrada inferior do sistema) deságua no rio Paraná em um ângulo de aproximadamente 60°, o que teoricamente poderia prejudicar a atratividade do Canal da Piracema. O mecanismo de atração é frequentemente considerado como o componente mais importante de um sistema de passagem para peixes (Clay, 1995; Agostinho *et al.*, 2002; Larinier, 2002). Nesse local, o rio Paraná tem cerca de 720 m de largura, com um fluxo médio de aproximadamente 11.000 m^3 /s e a velocidade média da água na superfície é de cerca de 2,0 m/s, maior do que a velocidade da água no rio Bela Vista.

Uma pesquisa realizada antes da implementação do Canal da Piracema, envolvendo um ano de amostragem mensal com várias artes de pesca, mostrou que 57 espécies de peixes do rio Paraná já estavam entrando no rio Bela Vista, incluindo algumas consideradas migrantes de longa distância, mas a maioria delas não encontrou condições favoráveis de fluxo para se mover por mais de 200 m rio acima (Canzi *et al.*, 1998).

Após a implantação do sistema, o monitoramento realizado ao longo de 10 anos mostrou que mesmo desprovido de qualquer mecanismo de atração de peixes, grande quantidade e diversidade de peixes entram no Canal, incluindo todas as espécies consideradas migrantes de longa distância. O acesso dos peixes ao Canal da Piracema parece ser determinado unicamente pelos níveis fluviométricos do rio Paraná e a subida ao longo do sistema pelos níveis de água do reservatório de Itaipu (Fontes Júnior *et al.*, 2012). Quanto maior a vazão a jusante da barragem, mais o rio Paraná invade o rio Bela Vista e induz a entrada de grande quantidade de peixes no sistema. Isso ocorre com frequência durante a estação chuvosa. Na bacia do rio Paraná, as migrações reprodutivas de pelo menos uma dúzia de espécies são marcadas e sincronizadas com o período de cheia (Vazzoler & Menezes, 1992; Agostinho *et al.*, 1999; 2004; Vazzoler, 1996).

Os estudos mostraram a ocorrência de 155 espécies de peixes no sistema, das quais muitas são migratórias, como *Pseudoplatystoma corruscans* e *P. reticulatum*, *Salminus brasiliensis*, *Piaractus mesopotamicus*, *Leporinus elongatus*, *Prochilodus lineatus*, *Brycon orbygnianus* e *Pimelodus maculatus,* entre outras.

No entanto, verificou-se uma redução acentuada do número de espécies ao longo do sistema, sugerindo que este está a ser seletivo (Makrakis, 2007, Makrakis *et al.*, 2011), sendo a maior diversidade encontrada na sua secção inferior (rio Bela Vista), especialmente para as espécies migradoras de longa distância.

Os dois capítulos da pesquisa apresentada neste livro têm como objetivos: i) elucidar aspectos ainda duvidosos quanto ao uso e funcionalidade de alguns trechos do Canal da Piracema para as principais espécies de peixes migradores de longa distância; ii) avaliar a possível relação entre a presença de peixes e a prática de canoagem permitida fora dos períodos de defeso estabelecidos para proteger as espécies de piracema na bacia do rio Paraná.

Referências

Agostinho, A. A. & H. F. Julio-Jùnior. 1999. Peixes da bacia do alto rio Paraná. In: Lowe-McConnell R. H. & H. Rosemary (eds). Estudos ecológicos de comunidades de peixes tropicais. Cunninghan. São Paulo: Editora Universidade de São Paulo, 1999. p. 374-400.

Agostinho, A. A., L. C. Gomes, D. R. Fernandez & H. I. Suzuki. 2002. Eficiência de escadas de peixes para a ictiofauna neotropical. River Research and Applications 18: 299306

Agostinho, A. A., L. C. Gomes & F. M. Pelicice. 2007. Ecologia e Manejo de Recursos Pesqueiros em Reservatórios do Brasil. EDUEM: Maringá; 501 p.

Canzi, C., Fontes Jr., H. M., Fernandez, D. R. 1998. A ictiofauna de ocorrência no rio Bela Vista. Painel apresentado no IV Congresso de Ecologia do Brasil. Belém. Faculdade de Ciências Agrárias do Parâ. NETA

Clay, C. H. 1995. Design of fishways and other fish facilities. Segunda edição. Lewis Publishers. Boca Raton.

Bonetto, A. A. 1986. O sistema fluvial do Paraná. Pp. 541-555. In: Davies, B. R. & K. F. Walkers (Eds.). The ecology river systems. Dr. W. Junk Publishers, Dordrecht.

Fiorini, A. S., D. R. Fernandez & H. M. Fontes Jr. 2006. Canal de Migração da Piracema da Barragem de Itaipu. Vingt Deuxième Congrès Des Grands Barrages. Proccedings, 325-348. Barcelona.

Fontes Jûnior, H. M. 2012. Avaliaçâo do carâter multiuso do Canal da Piracema para a transposição de peixes neotropicais no rio Paranà, Brasil. Doctoral Dissertatio - Programa de Pôs-graduaçâo em Ecologia de Ambientes Aquâticos Continentais, Universidade Estadual de Maringà, Maringà, Brasil. Disponível em: http://www.oceandocs.org/bitstream/handle/1834/10066/JuniorH.M.F..pdf?sequence =1 (07 de outubro de 2017).

Fontes-Jûnior, H. M., L. C. Gomes, S. Makrakis, M. C. Makrakis, J. D. Latini, T. Castro-Santos, W. M. Domingues & A. L. Watanabe. 2012. Variações temporais na ictiofauna do Canal da Piracema: existe um padrão claro no movimento de peixes migratórios? In: II Simpòsio Internacional de Transposiçâo de Peixes da América do Sul. Toledo: Universidade Estadual do Oeste do ParanÆ.

Hahn, L. 2007. Avaliaçâo da eficiência do Canal Lateral de migraçâo da barragem de Itaipu, rio Paranà, Brasil, na passagem de peixes migradores. Doctoral Dissertatio - Programa de Pôs-graduaçâo em Ecologia de Ambientes Aquâticos Continentais, Universidade Estadual de Maringà, Maringà, Brasil. Disponível em: http://www.oceandocs.org/bitstream/handle/1834/1005_5/HahnL._.pdf?sequence=_1&is_Allowed=y (07 de outubro de 2017).

Larinier, M. 2002. Fishways - Considerações gerais. Bull. Fr. Pêche Piscic, 364 suppl.: 21-27.

Lira, N. A., P. S. Pompeu, C. S. Agostinho, A. A. Agostinho, M. S. Arcifa & F. M. Pelicice. 2017. Passagens de peixes na América do Sul: uma visão geral das instalações estudadas e do esforço de pesquisa. Neotrop. ichthyol. vol.15 no.2 Maringà.

Makrakis, S. 2007. O Canal da Piracema como Sistema de Transposiçâo. Doctoral Dissertation - Programa de Pôs-graduaçâo em Ecologia de Ambientes Aquâticos Continentais, Universidade Estadual de Maringà, Maringà, Brasil. Disponível em: http://livros01.livrosgratis.com.br/cp067488.pdf (07 de outubro de 2017).

Makrakis, S., L. E. Miranda, L. C. Gomes, M. C. Makrakis, M. C. & H. M. Fontes Jr. 2011. Ascensão de peixes migratórios neotropicais na passagem de peixes do reservatório de Itaipu. River Research and Applications, 27: 511-519.

Martins, S. L. 2000. Sistemas para a Transposiçao de Peixes. Dissertação apresentada à Escola Politècnica da Universidade de São Paulo para obtenção do grau de Mestre em Engenharia. Português. 170p. São Paulo, Brasil. Disponível em: http://www.teses.usp.br/teses/disponiveis/3/3147/tde-25072002-142649/pt-br.php (07 de outubro de 2017).

Vazzoler, A. E. A. M. & N. A. Menezes. 1992. Sintese de conhecimentos sobre o comportamento reprodutivo dos Characiformes da América do Sul (Teleostei, Ostariophysi). Revista Brasileira de Biologia, 52(4): 627-640.

Vazzoler, A. E. A. de M. 1996. Biologia da reproduçao de peixes teleósteos: teoria e pràtica. Maringà: EDUEM. 169p.

I. UMA BARREIRA À MIGRAÇÃO PARA MONTANTE NA PASSAGEM DE PEIXES DA BARRAGEM DE ITAIPU (CANAL DA PIRACEMA), BACIA DO RIO PARANÁ[1]

Resumo

A maioria das passagens para peixes construídas na região Neotropical é caracterizada por baixa eficiência e alta seletividade; em muitos casos, os benefícios para as populações de peixes são incertos. Estudos realizados no Canal da Piracema, na barragem de Itaipu, no rio Paraná, indicam que o componente do sistema denominado Canal de Descarga no rio Bela Vista (aqui denominado Canal de desàgue no rio Bela Vista ou CABV), um trecho técnico de 200 m de comprimento, foi a principal barreira à migração para montante. O objetivo deste estudo foi avaliar o grau de restrição imposto pelo CABV aos movimentos para montante de *Prochilodus lineatus* e *Leporinus elongatus,* Characiformes. Os peixes foram marcados com transponders integrados passivos (PIT tags) e libertados tanto a jusante como a montante desta secção crítica. Os indivíduos de ambas as espécies libertados a jusante do CABV demoraram muito mais tempo a atingir a extremidade superior do sistema (43,6 dias vs. 15,9 dias) e passaram em proporções muito mais baixas (18% vs. 60,8%) do que os marcados a montante deste componente. Embora seja necessário mais trabalho para diferenciar entre os efeitos dos canais de pesca e a variação natural na motivação migratória, os resultados demonstram claramente problemas de passagem no CABV.

Introdução

O rio Paraná e os seus principais afluentes foram represados por várias barragens hidroeléctricas. Este facto converteu um rio que outrora corria livremente numa extensa cascata de reservatórios altamente regulados. Este facto provocou uma alteração dramática do hidrograma, nomeadamente através da atenuação dos picos de cheia. A presença destas barragens tem sido particularmente prejudicial para as populações de peixes migradores, que podem sofrer de fragmentação das populações. Para além das próprias barreiras, os efeitos combinados das albufeiras inundadas e da regulação do caudal reduzem ou impedem o acesso

---

1 Adaptado de:
Fontes Jùnior H. M., T. Castro-Santos, S. Makrakis, L. C. Gomes & J. D. Latini. 2012. Uma barreira à migração a montante na passagem de peixes da barragem de Itaipu (Canal da Piracema), bacia do rio Paraná. Neotrop Ichthyol; 10(4):697-704.

a habitats importantes para a desova, crescimento e desenvolvimento inicial (Agostinho *et al.*, 2007).

Gestores e engenheiros têm tentado mitigar os efeitos das barragens sobre as espécies de peixes migratórios construindo passagens para peixes, como escadas, eclusas, canais de migração e elevadores (Larinier, 2002a, 2002b). Apesar de várias tentativas de avaliação dessas passagens para peixes, resumidas em um volume especial da Neotropical Ichthyology (2007, volume 5, número 2), ainda há uma compreensão muito limitada de como as espécies migratórias usam essas passagens para peixes, e há muitas dúvidas quanto à sua eficiência, particularmente na região neotropical (Agostinho *et al.*, 2002; Agostinho *et al.*, 2008).

O trecho do rio Paraná entre o reservatório de Itaipu e as barragens de Rosana e Porto primavera (UHE Eng. Sérgio Motta-CESP), representa o último remanescente lótico desta bacia hidrográfica em território brasileiro, com importante potencial para a manutenção das espécies populacionais de potamódromos (Agostinho *et al.*, 2000). Os afluentes do reservatório de Itaipu e a planície de inundação do alto rio Paraná, a montante deste reservatório, são muito importantes para a reprodução de espécies migratórias (Agostinho *et al.*, 1993). Foi observado que pelo menos seis das dez espécies mais freqüentemente pescadas no reservatório completam seu ciclo de vida na parte montante da bacia (Agostinho *et al.*, 2004; Okada *et al.*, 2005).

O rio Bela Vista é o trecho principal do Canal da Piracema na Barragem de Itaipu que, juntamente com o trecho técnico de passagem de peixes, contém a única passagem de peixes em grande escala parcialmente natural na América do Sul (Fig. I-1; Agostinho *et al.*, 2007). Projetadas para imitar os canais naturais dos riachos, acredita-se que as passagens para peixes semelhantes às naturais proporcionam um desempenho superior de passagem para uma ampla gama de espécies e estágios de vida (Wildman *et al.*, 2002). No entanto, estas afirmações não têm fundamento e, em muitos casos, o seu desempenho não é melhor (ou é ainda pior) do que o de projectos mais técnicos (Bunt *et al.*, 2011). O monitoramento do Canal da Piracema teve início em 2004, com a coleta de dados em seus diversos segmentos (principalmente com redes de emalhar e redes circulares de fundição), e com radiotelemetria. Os dados das capturas determinaram que peixes de diversas espécies migratórias utilizam o Canal da Piracema durante sua fase migratória (Fontes Júnior, pers. comm.). Embora indivíduos de algumas espécies passem com sucesso pelo Canal, os dados disponíveis sugerem que a passagem pode ser ruim (Hahn 2007; Makrakis *et al.* 2011), e o componente do sistema designado como Canal de descarga no rio Bela Vista (aqui denominado Canal de desàgue no rio Bela Vista ou CABV), uma secção técnica de 200 m de comprimento, foi a principal barreira para a migração a montante. Embora faltem dados detalhados para outros sistemas, a baixa eficiência de ascensão dos peixes, associada à seletividade de espécies, parece ser uma caraterística comum das passagens de peixes da América do Sul (Oldani & Baigùn, 2002; Agostinho *et al.*, 2002, 2007; Makrakis *et al.*, 2007a; Godinho & Kynard, 2009). No entanto, a eficiência da passagem de peixes para rios sul-americanos deve considerar sua capacidade de manter populações viáveis (Pompeu *et al.*, 2012).

A avaliação da passagem de peixes por telemetria PIT está a ganhar popularidade (Castro-Santos *et al.*, 1996; Aarestrup *et al.*, 2003; Teixeira & Cortes, 2007) e pode ser uma metodologia altamente eficaz e de baixo custo para estudar os movimentos de peixes de diferentes tamanhos e morfologias (Prentice *et al.* 1990; Franklin *et al.* 2012). É particularmente útil para quantificar movimentos através de estruturas confinadas, como passagens de peixes (Castro-Santos *et al.*, 1996). Tal como outros métodos de telemetria, a telemetria PIT pode fornecer uma monitorização contínua em locais fixos, o que permite avaliar os factores ambientais (por *exemplo*, a temperatura da água e o caudal) sobre o movimento e o sucesso da passagem (Lucas & Baras, 2000). Aqui, apresentamos um desses estudos, desenhado para verificar e melhorar nossa compreensão do grau de restrição imposto pelo Canal de desàgue no rio Bela Vista (CABV) aos peixes que migram para montante. Os objetivos deste estudo foram avaliar o grau de restrição imposto pelo CABV sobre os movimentos a montante de *Prochilodus lineatus* (Valenciennes, 1837) e *Leporinus elongatus* (Valenciennes, 1850), Characiformes, e verificar seus movimentos nos trechos técnicos do Canal da Piracema. O objetivo deste estudo foi testar a hipótese de que o CABV representa uma barreira para a subida dos peixes no Canal, retardando seus movimentos.

Material e métodos

Área de estudo

O Canal da Piracema é uma passagem para peixes localizada junto à Usina Hidrelétrica de Itaipu, no Estado do Paraná, Brasil. O sistema tem como objetivo fazer a reconexão do rio Paraná, a jusante da barragem, com o reservatório de Itaipu, superando um desnível de 120 metros. O Canal da Piracema é composto por dois grandes subsistemas. O trecho inferior ("trecho natural") é uma passagem natural para peixes, sendo construído dentro do leito original do Rio Bela Vista e do Córrego Brasília. O trecho superior ("trecho técnico") compreende vários projetos técnicos, incluindo múltiplas escadas, canais e lagos de vários projetos e dimensões, ligando o trecho natural ao reservatório de Itaipu (Fig. I-1).

O trecho natural, com extensão de aproximadamente 6,7 km, representa 2/3 da extensão total do sistema e 57,5 m de ganho de elevação (48% do total), tendo o rio Bela Vista como seu principal componente. Este rio possuía originalmente uma bacia hidrográfica mais ampla, que foi capturada e inundada pela construção da barragem de Itaipu em 1982. Durante os 20 anos seguintes, sua vazão foi reduzida, drenando apenas uma bacia hidrográfica de terras modificadas associadas à construção do projeto de Itaipu (Fig. I-1).

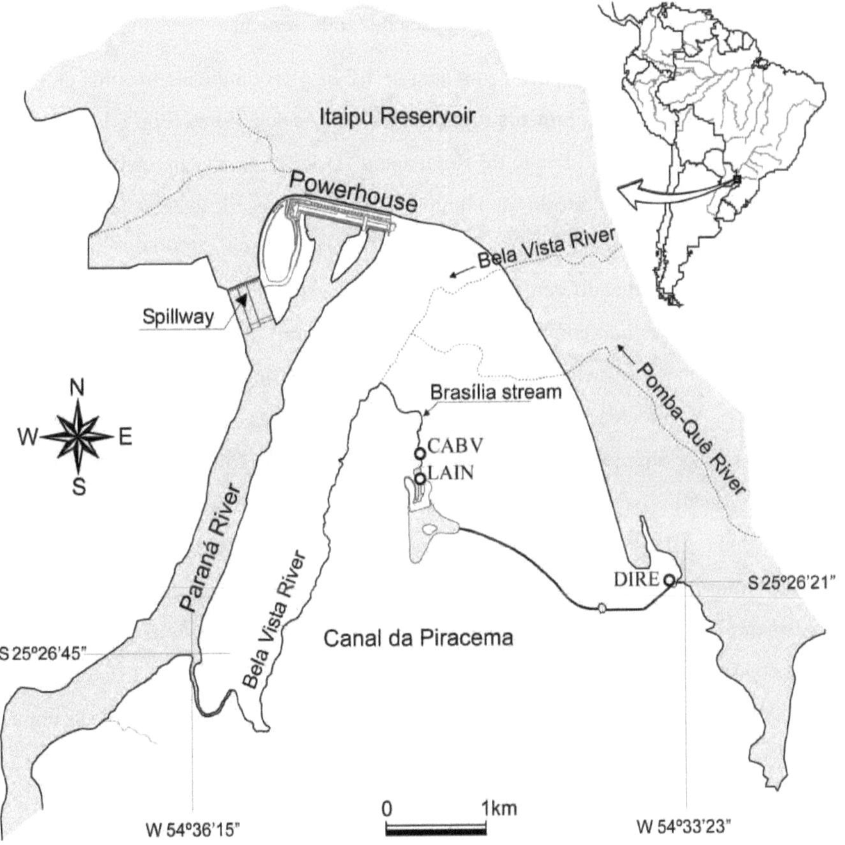

Figura I-1. O Canal da Piracema e seus componentes citados neste estudo: subsistema tipo natureza (RIBE - rio Bela Vista e córrego Brasília); CABV - Canal de Desàgue no rio Bela Vista, LAIN - Lago Inferior; DIRE - Dique de Regulagem.

Quando o Canal da Piracema foi construído em 2002, o leito do Rio Bela Vista e do Córrego Brasília foram reformados para suportar um aumento de vazão de mais de 20 vezes.

O trecho técnico inicia-se (a partir da extremidade de jusante) no leito original do Brasília, aproximadamente 850 m a montante de sua confluência com o rio Bela Vista. O primeiro componente desse subsistema é uma estrutura denominada Canal de deságue no rio Bela Vista (CABV), com 200 m de comprimento, 5 m de largura, 2,5 m de altura e desnível de 12,5 m, o que resulta em um gradiente de 6,25%. O CABV está equipado com 38 deflectores de betão armado, espaçados 4 metros entre si, formando uma secção de degraus em escada com um fluxo turbulento. É semelhante a um canal de pesca de fenda vertical.

A CABV drena o Lago Inferior (LAIN), com área de 1,2 ha e profundidade máxima de 2 m, que é alimentado pelos diversos projetos técnicos dos trechos superiores (Fig. I-1). Na área de tomada d'água encontra-se o Dique de Regulagem (DIRE), situado na extremidade da barragem de terra do Reservatório de Itaipu. Para uma descrição detalhada desses componentes, consultar Fiorini *et al.* (2006) e Makrakis *et al.* (2007b, 2011). As características físicas do Canal diferem entre os trechos. As velocidades médias da água foram mais elevadas nas secções que compreendem o rio Bela Vista e o CABV, com médias que variam entre 1,4-1,7 m s^{-1} , e menos de 1 m s^{-1} nas secções superiores a montante do CABV. Da mesma forma, a velocidade máxima foi maior nas secções inferiores, com valores superiores a 1,8 m s^{-1} e um recorde de 3,2 m s^{-1} numa pequena secção do rio Bela Vista (este ponto não tem obstáculos para reduzir a velocidade da água, como os deflectores nas secções técnicas) (Makrakis *et al.*, 2011). As características hidráulicas do Canal incluem ainda uma profundidade mínima de 0,8 m e uma área mínima de passagem transversal de aproximadamente 5 m^2 . Com base em cálculos hidráulicos e testes de modelos, o caudal que preenche as condições para as espécies migratórias é de cerca de 11,4 m^3 s^{-1} . Esta condição tem-se revelado boa para atrair peixes e proporcionar a migração ao longo de todo o sistema.

Telemetria

O sistema PIT-tag (ou como é frequentemente chamado, um sistema de identificação por radiofrequência, ou RFID) utilizado neste estudo foi o sistema TIRIS S 2000 (Castro-Santos *et al.*, 1996; Zydlewski *et al.*, 2001; Haro, 2002). A telemetria PIT tem sido usada para monitorar o movimento de espécies migratórias no Canal da Piracema desde dezembro de 2009.

Para este estudo foram instaladas três antenas de passagem, cada uma com 2,0 x 1,2 m, no Dique de Regulagem (DIRE) na extremidade superior do sistema, a uma distância aproximada de 3.500 m da área onde os peixes foram marcados e soltos. A DIRE faz parte da área de captação do Canal da Piracema e possui três comportas para controlar o fluxo de água no sistema. As antenas foram colocadas em estruturas de madeira que foram fixadas no fundo e nas paredes da caixa das comportas (Fig. I-2).

Figura I-2. Antenas instaladas junto às comportas do Dique de Regulagem - DIRE (extremo superior do sistema de transposição) para deteção de peixes marcados com PIT.

O tempo total de trânsito e o sucesso da passagem foram medidos desde o CABV até à DIRE como o tempo decorrido desde a libertação até à primeira deteção na DIRE. Para diferenciar a passagem pelo CABV da passagem pelas secções a montante, os peixes foram libertados em dois locais, a montante e a jusante do CABV. O desempenho da passagem através do CABV foi estimado como a diferença em percentagem de passagem e tempo de trânsito entre os grupos libertados a montante e a jusante.

Recolha de dados

No período de 8 de dezembro de 2009 a 26 de fevereiro de 2010, 219 indivíduos de duas espécies migratórias (181 *Prochidulos lineatus*, comprimento total médio do corpo 54 cm, variação 39,5-70,0 cm, e 38 *Leporinus Elongatus,* comprimento total médio do corpo 53,5 cm, variação 40,5-64,5 cm) foram marcados. Destes, 91 *P. lineatus* e 26 *L. elongatus* foram capturados e soltos no rio Bela Vista e no córrego Brasília (a jusante do CABV ou grupo de soltura a jusante), e 90 *P. lineatus* e 12 *L. elongatus* foram capturados e soltos no Lago Inferior (LAIN), a montante do CABV ou grupo de soltura a montante (Fig. I-3). Estas espécies são abundantes no Canal da Piracema, onde foram capturadas com uma rede de fundeio circular.

Todos os peixes foram anestesiados com eugenol, medidos (comprimento total e comprimento padrão) e marcados cirurgicamente através da implantação de transponders de 32 mm com uma lâmina de bisturi n.º 15. A inserção foi feita no abdómen do peixe, à direita ou à esquerda da linha mediana ventral e entre as pontas das costelas pleurais. Não foi necessária qualquer sutura ou cola. O tempo de indução e de recuperação foi de cerca de um e três minutos, respetivamente. Os dados do PIT foram registados utilizando um software personalizado que fazia a interface com o sistema PIT e registava o número da etiqueta, a localização e a hora com uma precisão de 0,01 s (Castro-Santos, 2000).

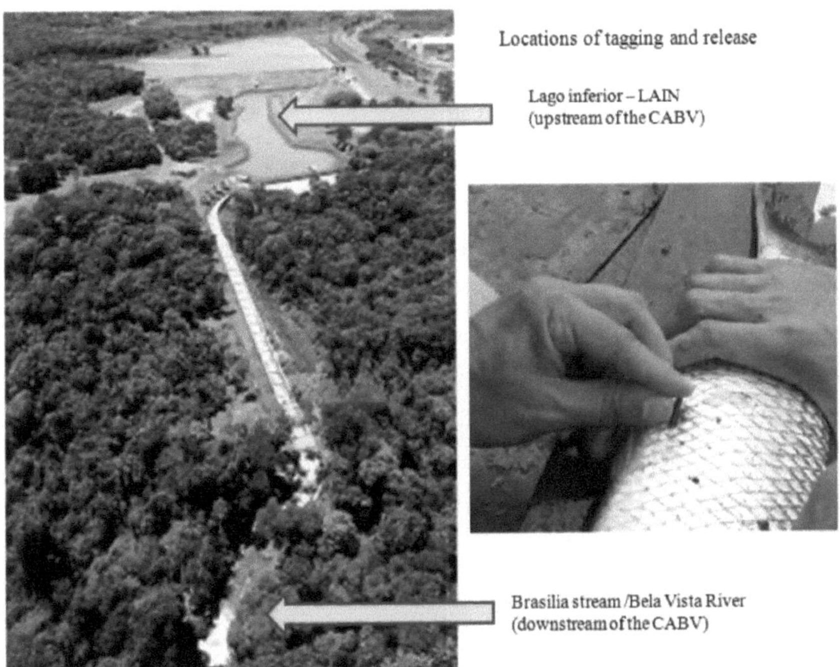

Figura I-3. Locais de captura, marcação com o PIT e soltura de indivíduos de Prochilodus lineatus e Leporinus elongatus no Canal da Piracema.

Análise de dados

Os tempos de trânsito foram medidos como o tempo decorrido entre a hora de libertação e a primeira observação no sistema PIT na DIRE. A percentagem de passagem foi calculada para cada espécie como o número detectado pelo sistema PIT dividido pelo número libertado. Os dados foram apresentados avaliando a ascensão (em percentagem) para as espécies marcadas. Para avaliar as probabilidades de ascensão dos peixes no Canal da Piracema, utilizamos uma análise de sobrevivência (Allison, 2010). O uso da análise de sobrevivência ajuda a detetar quais partes da passagem dos peixes dificultam a passagem ou mesmo impedem a ascensão dos peixes (Castro-Santos & Haro, 2003; Castro-Santos, 2004; Haro *et al.*, 2004; Makrakis *et al.*, 2007b). Nesta análise, utilizámos o tempo de subida como variável de resposta (evento), determinado pelo intervalo de tempo entre a libertação e a deteção na antena (Haro *et al.*, 2004; Makrakis *et al.*, 2011). O tempo decorrido entre o momento da libertação e o momento da passagem pelo DIRE foi medido, e as estimativas das funções de "sobrevivência" para o tempo decorrido foram calculadas utilizando o método Kaplan-Meier (SAS 9.3, 2010) de análise evento-tempo (Kaplan & Meier, 1958; Allison, 1995; Castro-Santos & Haro, 2003). Os indivíduos marcados que não passaram até o final do estudo foram censurados (censura tipo I).

Para testar a diferença entre os grupos (espécies de peixes e locais CABV e LAIN) verificando a proporção de passagem e o tempo de trânsito utilizámos as curvas de sobrevivência aplicando o PROC LIFETEST (SAS 9.3, 2010) e analisámos as estatísticas log-rank e Wilcoxon para cada grupo de tratamento, seguidas de uma estimativa da sua matriz de covariância. Os testes são facilmente generalizados para três ou mais grupos, com a hipótese nula de que todos os grupos têm a mesma função de sobrevivência. Se a hipótese nula for verdadeira, todas as estatísticas de teste têm distribuições de qui-quadrado com graus de liberdade iguais ao número de grupos menos 1.

O procedimento univariado foi aplicado para testar a normalidade dos dados utilizando o SAS 9.3.

Resultados

Dos 219 peixes libertados de ambas as espécies, 83 (37,9%) passaram a montante do sistema. A percentagem global de passagem de *P. lineatus* foi de 41%, com uma passagem muito maior entre os indivíduos libertados a montante do CABV (62,2%) em comparação com os libertados a jusante do CABV (19,8%, procedimento logístico SAS P<0,001; Tabela I-1). Embora o tamanho da amostra fosse muito menor, um padrão semelhante foi observado para *L. elongatus*: 50,0% de passagem para os peixes libertados a montante vs. 11,5% de passagem para os libertados a jusante do CABV (P=0,015; Tabela I-1).

Tabela I-1. Número de indivíduos marcados com um PIT-tag a jusante do Canal de desàgue no rio Bela Vista (CABV) e a montante (LAIN) e detectados no Dique de regulação (DIRE). TAG = número de indivíduos marcados, DET = número de indivíduos detectados.

	Grupo de libertação a jusante e percentagem de aprovação			Grupo de libertação a montante e percentagem de aprovação		
Espécies	TAG	DET	%	TAG	DET	%
Prochilodus	91	18	19.8	90	56	62.2

lineatus						
Leporinus elongatus	26	3	11.5	12	6	50.0
Total	117	21	18.0	102	62	60.8

Além disso, durante o monitoramento no Canal da Piracema, o sistema RFID sofreu pequenas interrupções aleatórias causadas pela necessidade de substituição de equipamentos (antena, leitor, computador) e quedas de energia, mas isso pode ter pouca influência nos resultados, pois para os três grupos de soltura a jusante (8/12/2009 n=53; 23/12/2009 n=50 e 26/02/2010 n=15) a porcentagem de passagem foi semelhante (19%, 16% e 20%, respetivamente). Uma descrição mais abrangente do desempenho da passagem é fornecida pela comparação das taxas.

A redução no sucesso da passagem causada pelo CABV parece ter sido causada, pelo menos em parte, pelo aumento dos atrasos ocorridos nessa parte do canal de pesca. As taxas de passagem foram muito mais lentas para os peixes libertados a jusante do que para os peixes libertados a montante (Fig. I-4).

As curvas mostram que, para ambas as espécies, o CABV actua como uma barreira, reduzindo a taxa de movimento ao longo do tempo. Dos peixes libertados no LAIN que passaram com sucesso o sistema, o tempo médio de passagem foi de 11 dias, enquanto o tempo médio de passagem para os peixes libertados a jusante do CABV foi de 36 dias.

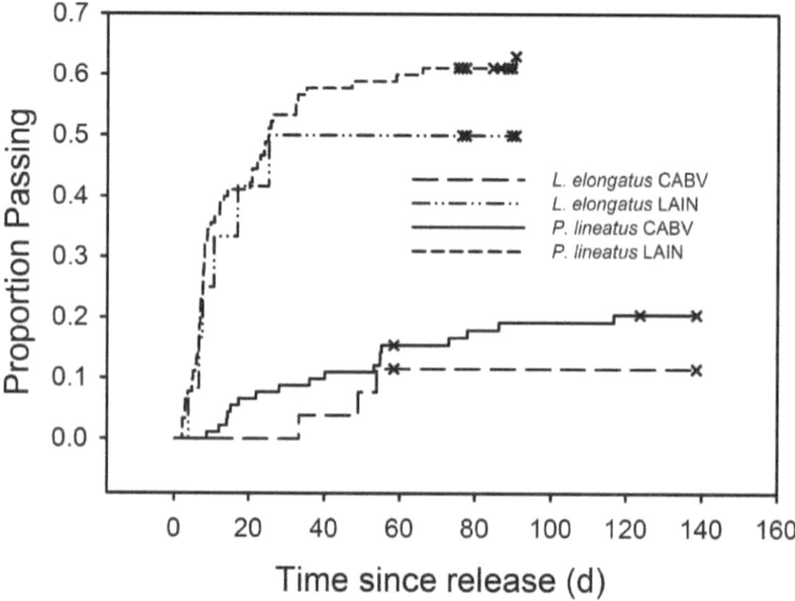

Figura I-4. Proporção acumulada de passagem no Canal de Piracema por espécie e local de soltura. As curvas são complementos de funções de sobrevivência calculadas usando o método Kaplan-Meier (Kaplan & Meier, 1958). As observações com censura são indicadas por x e representam o tempo decorrido entre a soltura e o último evento de passagem observado para cada espécie.

Os testes de qui-quadrado da hipótese nula de que as funções de sobrevivência são idênticas nos quatro estratos (*L. elongatus* CABV, *L. elongatus* LAIN, *P. lineatus* CABV e *P. lineatus* LAIN) foram significativos ao nível de 0,05. Os testes log-rank e Wilcoxon, que comparam os grupos de libertação a jusante e a montante, também foram significativos (Allison, 2010).

Discussão

Os resultados mostram que os peixes libertados a jusante do CABV demoraram muito mais tempo a chegar à DIRE do que os libertados no LAIN, apoiando observações anteriores de que o CABV é o maior estrangulamento do subsistema artificial (Hahn *et al.*, 2007; Makrakis *et al.*, 2007b, 2011). No entanto, também se registaram atrasos substanciais acima do CABV, e podem existir barreiras significativas mesmo para os peixes que passam o CABV. O longo atraso migratório ocorrido em ambos os locais pode afetar a sobrevivência, especialmente se houver predadores presentes no Canal da Piracema. Também pode influenciar a viabilidade reprodutiva dos indivíduos que passam - depois de passar a DIRE, eles ainda devem negociar um grande represamento, e devem fazê-lo enquanto as condições permanecem apropriadas para a desova. Embora os efeitos dos atrasos no sucesso da desova tenham sido largamente hipotetizados entre as espécies das regiões temperadas do norte (e.g. Chanseau *et al.*, 1999; Castro-Santos & Haro, 2003), os dados reais que demonstram o problema são escassos. No entanto, isto reflecte em grande parte a dificuldade de recolher os dados necessários dos indivíduos e, em muitos casos, existe conhecimento suficiente sobre a importância do tempo de migração para a reprodução e sobrevivência para justificar a preocupação. Se essas mesmas preocupações se aplicam aos migradores neotropicais é uma questão em aberto: ao contrário das zonas temperadas, onde as condições variam de forma ampla e previsível, as condições favoráveis para a desova são muito menos previsíveis nos trópicos, e é possível que os peixes migradores neotropicais tenham adotado estratégias (por exemplo, alimentação durante as migrações) que permitem uma maior flexibilidade face ao atraso migratório. Também se pode ter em conta que a época de reprodução das espécies potamódromas neotropicais (geralmente 3 a 4 meses) é mais longa do que o período reprodutivo das espécies anádromas que predominam nas zonas temperadas, pelo que o atraso pode ser mais bem tolerado pelos peixes tropicais. É necessária mais investigação sobre a história de vida e os atrasos naturais, tanto nas regiões tropicais como nas temperadas, para compreender melhor a importância do atraso no sucesso reprodutivo e na sobrevivência.

O sucesso da passagem através de canais de peixes a montante depende principalmente de dois fatores: i) a capacidade dos peixes de encontrar e entrar no sistema, e ii) a capacidade dos peixes de passar através do comprimento do sistema (Aarestrup, 2003; Bunt *et al.*, 1999, 2011; Castro Santos & Haro, 2010). Embora a eficiência do Canal da Piracema não tenha sido avaliada como um todo, várias espécies migratórias, mas especialmente *P. lineatus* e *L. elongatus,* são abundantes no rio Bela Vista (Makrakis *et al.*, 2007b). Este facto pode ser resultado da barreira que o CABV representa para a migração a montante. Aparentemente, o desenho do CABV (ver descrição em Material e Métodos) não é compatível com a capacidade de natação de *P. lineatus* que pode ter dificuldade em ultrapassar estas condições ao longo de 200 m. A velocidade da água nos troços do CABV é inferior a 3 m^3 /s, mas o declive é o mais elevado do sistema, podendo produzir velocidades em algumas zonas que excedem a capacidade de natação de algumas espécies. Além disso, essa zona é altamente turbulenta, o que pode representar barreiras comportamentais e físicas ao movimento (Martinez *et al.*, 2001; Tritico & Cotel, 2010). A capacidade de natação dos peixes brasileiros é um parâmetro importante para o dimensionamento de passagens para peixes, embora nenhuma passagem para peixes ainda construída leve em consideração essa importante caraterística das espécies neotropicais (Santos *et al.*, 2007). Pesquisas nessa área estão sendo realizadas recentemente no Brasil (Santos *et al.*, 2007, 2008; Sampaio *et al.*, 2009) e devem constituir referências importantes para novos projetos de sistemas de passagem de peixes e para o aprimoramento dos já existentes. A diferença no tempo de trânsito para *L. elongatus* solto a jusante e a montante do CABV também foi significativa. Embora o número de indivíduos desta espécie marcados tenha sido inferior ao de *P. lineatus*, a Figura I-3 mostra que as duas espécies são muito semelhantes, e o atraso acrescido mostra que o retardamento do movimento, e não um obstáculo completo, pode ser a causa da redução da passagem de alguns indivíduos.

Os resultados podem ter sido influenciados pela eficiência do sistema RFID, principalmente no caso de *L. elongatus* com um número reduzido de indivíduos marcados. A eficiência do sistema RFID estacionário utilizado neste estudo foi variável. Os estudos de campo que utilizam antenas PIT de grandes dimensões registaram uma eficiência variável, que oscila entre 70% e 100%, dependendo do estudo e da localização (Zydlewski *et al.*, 2001; Franklin *et al.*, 2012). Apesar disso e das interrupções aleatórias, o presente estudo demonstrou que pelo menos 18% dos peixes marcados a jusante do CABV e 60,8% do grupo de libertação a montante, sendo a maioria *P. lineatus*, atingiram a extremidade superior do sistema de transposição. Este número, apesar de ainda ser baixo para determinar o sucesso de uma passagem de peixes, é superior às estimativas anteriores (Makrakis *et al.*, 2007b, 2011), e mostra que pelo menos alguns *P. lineatus,* e também alguns *L. elongatus,* são capazes de subir a passagem de peixes. Para os indivíduos marcados no LAIN, pelo menos 50% de *L. elongatus* e 62,2% de *P. lineatus* foram capazes de chegar a DIRE. Esse resultado se aproxima daqueles obtidos pelo uso da radiotelemetria, que observou uma eficiência de 30,1% dos peixes soltos no LAIN (Hahn, 2007). É importante reconhecer que se trata de uma subestimativa do percentual de passagem, considerando que o comportamento das espécies migratórias é determinado por variáveis que se manifestam numa grande escala temporal. Além disso, a pesca ilegal na área (certificada em 20% das amostras marcadas com rádio-transmissores) (Hahn, 2007), bem como as condições hidráulicas e ambientais, afectam a eficiência das passagens dos peixes, cujos resultados podem variar muito em experiências (Makrakis *et al.*,

2011). Todos esses fatores possuem o potencial de dificultar a interpretação dos dados (Castro-Santos *et al.*, 1996; Castro-Santos & Haro, 2003).

Embora a estimativa de passagem tenha sido influenciada por falhas no equipamento, os tempos de passagem foram longos para ambos os grupos de tratamento. Mesmo uma estimativa conservadora sugere que os peixes mais numerosos passaram uma média de 27 dias apenas no CABV, e os atrasos registados em todo o sistema parecem ter sido suficientes para interferir com a desova e outros eventos da história de vida. Mais estudos são necessários para entender melhor a magnitude desses atrasos e para fornecer melhores estimativas do sucesso da passagem através dos vários trechos do Canal da Piracema, mas o estudo atual sugere que existem problemas significativos.

A motivação para os movimentos ascendentes pode ser diversa. Para *P. lineatus*, que apresentou as maiores taxas de subida, deve-se considerar a possibilidade de uma motivação predominantemente reprodutiva, ou de dispersão, já que dificilmente a abundância observada desta espécie no sistema poderia estar relacionada ao estímulo trófico, devido ao seu hábito alimentar iliófago e à aparente baixa disponibilidade deste tipo de alimento no sistema. Isso também foi verificado por Makrakis *et al.* (2007a) na escada de peixes localizada em Porto primavera, situada a aproximadamente 250 km a montante do reservatório de Itaipu. Nessa mesma usina hidrelétrica, Volpato *et al.* (2009), observaram que os indivíduos de *P. lineatus* encontrados na parte superior da escada eram significativamente maiores do que os encontrados na parte inferior, sugerindo uma seletividade relacionada ao tamanho dos peixes. No Canal da Piracema, no entanto, o comprimento total dos indivíduos marcados (39,5-70,0 cm) e detectados (39,5-62,6 cm) não mostrou qualquer evidência de seletividade nessa faixa de tamanhos.

Os tempos de subida apresentaram grande variação, mas observou-se que alguns indivíduos marcados num determinado período foram detectados com diferenças de apenas alguns minutos em relação a outros marcados muitos dias depois, sugerindo que permaneceram no sistema até que algum fator ainda não determinado estimulasse seus movimentos.

A telemetria PIT, apesar das antenas cobrirem apenas um trecho (DIRE) do sistema, permitiu identificar o atraso no deslocamento de *P. lineatus* e *L. elongatus* devido ao CABV, o que provavelmente ocorre com outras espécies. No entanto, o uso dessa tecnologia no Canal da Piracema deve ser mais explorado para que ainda seja possível configurar e instalar antenas no CABV e em outros trechos ao longo do sistema. Avaliações significativas do desempenho da passagem de peixes requerem que movimentos individuais sejam monitorados (Castro-Santos *et al.*, 2009; Bunt *et al.*, 2011), idealmente separando componentes de aproximação, entrada e passagem (Bunt *et al.*, 1999; 2011; Castro-Santos & Haro, 2010), e quantificando explicitamente o desempenho da passagem em unidades de proporção da população disponível passando por unidade de tempo (Castro-Santos *et al.*, 2009). O presente estudo representou a primeira tentativa de quantificar as taxas de passagem, mas é necessário mais trabalho para integrar esta informação com os outros elementos do desempenho de passagem através deste sistema.

A continuação da monitorização e a instalação de antenas adicionais ao longo do sistema serão de fundamental importância para a determinação dos movimentos migratórios e para a avaliação da possível utilização do mecanismo como rota de dispersão sazonal, ou como habitat para espécies que encontrem condições favoráveis para permanecer no sistema.

Literatura citada

Aarestrup, K., M. C. Lucas & J. A. Hansen. 2003. Eficiência de um canal de derivação natural para a truta marinha (*Salmo trutta*) que sobe um pequeno riacho dinamarquês estudado por telemetria PIT. Ecology of Freshwater Fish, 12: 160-168.

Agostinho, A. A., A. E. A. de M. Vazzoler, L. C. Gomes & E. K. Okada. 1993. Estratificación espacial y comportamiento de *Prochilodus scrofa* em distintas fases del ciclo de vida, em la planicie de inundación del alto rio Paranà y embalse de Itaipu, Paranà, Brasil. Revue D'Hidrobiologie Tropicale, 26(1): 79-90.

Agostinho, A. A., S. M. Thomaz, C. V. Minte-Vera & K. O. Winemiller. 2000. Biodiversidade na planície de inundação do alto rio Paraná. Pp. 89-118. In: Gopal, B., W. J. Junk & J. A. Davis (Eds.) Biodiversity in Wetlands: assessment, function and conservation. Backhuys Publishers, Leiden, Países Baixos. 353p.

Agostinho, A. A., L. C. Gomes, D. R. Fernandez & H. I. Suzuki. 2002. Eficiência de escadas de peixes para a ictiofauna neotropical. River Research and Applications, 18: 299306.

Agostinho, A. A., L. C. Gomes, S. Verissimo & E. K. Okada. 2004. Regime de cheias, regulação de barragens e peixes no Alto Paraná: efeitos nos atributos das assembléias, reprodução e recrutamento. Revisões em Biologia de Peixes e Pesca, 14: 11-19.

Agostinho, A. A., L. C. Gomes & F. M. Pelicice. 2007. Ecologia e manejo de recursos pesqueiros em reservatórios do Brasil. EDUEM, Maringá, 512p.

Agostinho, A. A., F. M. Pelicice & L. C. Gomes. 2008. Barragens e a ictiofauna da região Neotropical: impactos e manejo relacionados à diversidade e à pesca. Revista Brasileira de Biologia, 68: 1119-1133.

Allison, P. D. 2010. Survival Analysis Using SAS® : A Practical Guide, Second Edition. Cary, NC: SAS Institute Inc. 337p.

Bunt, C. M., C. Katopodis & R. S. McKinley. 1999. Atração e Eficiência de Passagem de Leques Brancos e Robalos Pequenos por Dois Canais de Peixe Denil. North American Journal of Fish Migration, 19: 793-803.

Bunt, C. M., T. Castro-Santos & A. Haro. 2011. Desempenho de estruturas de passagem de peixes em barreiras de migração a montante. River Research And Application, 28: 457-478.

Castro-Santos, T., A. Haro & S. Walk. 1996. Um sistema de etiquetas Passive Integrated Transponder (PIT) para monitorizar os canais de pesca. Fisheries Research, 28: 253-261.

Castro-Santos, T. 2000. Multireader 4.1. Centro de Investigação de Peixes Anádromos do USGS S.O. Conte, Turners Falls, MA.

Castro-Santos, T & A. Haro. 2003. Quantificação do atraso migratório: uma nova aplicação dos métodos de análise de sobrevivência. Canadian Journal of Fisheries and Aquatic Sciences, 60: 986-996.

Castro-Santos, T. 2004. Quantificação dos efeitos combinados da taxa de tentativa e da capacidade de natação na passagem através de barreiras de velocidade. Canadian Journal of Fisheries and Aquatic Sciences, 61: 1602-1615.

Castro-Santos, T., A. Cotel & P. W. Webb. 2009. Avaliações de canais de pesca para uma melhor bioengenharia - uma abordagem integrativa. Pp. 557-575. In: Haro, A. J., K. L. Smith, R. A. Rulifson, C. M. Moffit, R. J. Klauda, M. J. Dadswell, R. A. Cunjak, J. E. Cooper, K. L. Beal & T. S. Avery (Eds.). Challenges for diadromous fishes in a dynamic global environment (Desafios para os peixes diádromos num ambiente global dinâmico). Sociedade Americana de Pesca, Simpósio 69, Bethesda, MD.

Castro-Santos, T. & Haro, A. 2010. Orientação e passagem de peixes em barreiras. Pp. 62-89. In: Domenici, P. & B. G. Kapoor (Eds.). Fish Locomotion: An Eco-Ethological

Perspective. Science Publishers, Enfield, NH.

Chanseau, M., O. Croze, & M. Larinier. 1999. The impact of obstacles on the Pau River (France) on the upstream migration of returning adult Atlantic salmon (Salmo salar L.). Bulletin Francais de la Peche et de la Pisciculture (353/354): 211-237.

Fiorini, A. S., D. R. Fernandez & H. M. Fontes Jûnior. 2006. Canal de Migração da Piracema da Barragem de Itaipu. Vingt Deuxième Congrès Des Grands Barrages. Proccedings, 325-348. Barcelona.

Franklin, A. E., A. Haro, T. Castro-Santos & J. Noreika. 2012. Avaliação de canais de pesca naturais e técnicos para a passagem de alewife (*Alosa pseudoharengus*) em dois riachos costeiros na Nova Inglaterra. Transacções da Sociedade Americana de Pesca, 141: 624-637.

Godinho, A. L. & B. Kynard. 2009. Peixes migratórios do Brasil: história de vida e necessidades de passagem de peixes. River Research and Applications, 25: 702-712.

Hahn, L. 2007. Deslocamento de peixes migradores no rio Uruguai e no sistema misto de migraçâo da barragem de Itaipu. Tese de doutorado não publicada, Universidade Estadual de Maringá, Maringá. 53p.

Hahn, L., K. English, J. Carosfeld, L. G. M. Silva, J. D. Latini, A. A. Agostinho & D. R. Fernandez. 2007. Estudo preliminar sobre a aplicação de técnicas de radiotelemetria para avaliar os movimentos de peixes no canal lateral da barragem de Itaipu, Brasil. Ictiologia Neotropical, 5: 103-108.

Haro, A. 2002. Manual for Operation of TIRFID PIT tag Systens. CAFRC - Centro de Investigação de Peixes Anádromos de S. O. Conte. 19p.

Haro, A., T. Castro-Santos, J. norelka & M. Odeh. 2004. Swimming performance of upstream migrant fishes in open-channel flow: a new approach to predicting passage through velocity barriers. Canadian Journal of Fisheries and Aquatic Sciences, 61: 1590-1601.

Kaplan, E. L. & P. Meier. 1958. Nonparametric estimation from incomplete observations. Journal of the American Statistical Association, 53: 457-81.

Kurt Steinke, P. E., J. Anderson & K. Ostrad. 2011. Construção do sistema de interrogação de etiquetas PIT aquáticas e procedimento operacional normalizado. USFWS - Centro de Tecnologia de Peixes Abernathy - Programa de Fisiologia Ecológica SOP. 62p.

Larinier, M. 2002a. Fishways - Considerações gerais. Pp. 21-27. In: Larinier, M., F. Travade & J. P. Porcher (Eds.). Fishways: Biological basis, design criteria and monitoring. Bulletin Français de la Pêche et de la Pisciculture, 364 suppl.

Larinier, M. 2002b. Biological factors to be taken into account in the designing of fishways, the concept of obstruction to upstream migration. Pp. 28-38. In: Larinier, M., F. Travade & J. P. Porcher (Eds.). Fishways: Biological basis, design criteria and monitoring. Bulletin Français de la Pêche et de la Pisciculture, 364 suppl.

Lucas, M. C. & E. Baras. 2000. Métodos de estudo do comportamento espacial de peixes de água doce em ambiente natural. Peixes e Pescas, 1: 283-316.

Makrakis, S., M. C. Makrakis, R. L. Wagner, J. E. P. Dias & L. C. Gomes. 2007a. Utilização da escada de peixes da Barragem Engenheiro Sergio Motta, Brasil, por espécies de potamódromos migradores de longa distância. Neotropical Ichthyology, 5: 197-204.

Makrakis, S., L. C. Gomes, M. C. Makrakis, D. R. Fernandez & C. S. Pavanelli. 2007b. O Canal da Piracema na Barragem de Itaipu como sistema de passagem de peixes. Neotropical Ichthyology, 5: 185-195.

Makrakis, S., L. E. Miranda, L. C. Gomes, M. C. Makrakis, M. C. & H. M. Fontes Jr. 2011. Ascensão de peixes migratórios neotropicais na passagem de peixes do reservatório de Itaipu. River Research and Applications, 27: 511-519.

Martinez, C. B., J. Nascimento Filho, E. M. Faria & M. G. Narques. 2001. Estudo de Monitorizaçào de Mecanismos de Transposiçào de Peixes. 10p. IX Encuentro Latinoamericano y del Caribe sobre Pequenos Aprovechamientos Hidroenergéticos, Ciudad de Neuquen. IX ELPAH. Disponível em: www.cph.eng.ufmg.br/docscph/prodgrupo28.pdf (28 de maio de 2012).

Nielsen, L. A. 1992. Methods of Marking Fish and Shellfish (Métodos de Marcação de Peixes e Mariscos). Publicação especial da American Fisheries Society, 23.

Okada, E. K., A. A. Agostinho & L. C. Gomes. 2005. Gradientes espaciais e temporais na pesca artesanal: um estudo de caso do reservatório de Itaipu, Brasil. Canadian Journal of Fisheries and Aquatic Sciences, 62(3): 714-724.

Oldani, N. O. & C. R. M. Baigùn. 2002. Desempenho de um sistema de canais de peixes numa grande barragem sul-americana no rio Paraná (Argentina-Paraguai). River Research and

Applications, 18: 171-183.

Pompeu, P. S., A. A. Agostinho & F. M. Pelicice. 2012. Desafios existentes e futuros: o conceito de passagem de peixes bem-sucedida na América do Sul. River Research and Applications, 28: 504-512.

Prentice, E. F., T. A. Flagg & S. McCutcheon. 1990. Feasibility of using implantable passive integrated transponder (PIT) tags in salmonids. Pp. 317-322. In: Parker, N. C., A. E. Giorgi, R. C. Heidinger, D. B. Jr. Jester, E. D. Prince & G. A. Winans (Eds.). Fish Marking Techniques (Técnicas de Marcação de Peixes). Sociedade Americana de Pesca. Simpósio 7.

Sampaio, F. A. C., R. L. Ferreira, O. S. Pompeu, H. A. Santos & M. A. Castro. 2009. Comparaçâo da capacidade natatòria de peixes epigeos e hipógeo (Characidae). Anais do III Congresso Latino Americano de Ecologia, 10 a 13 de setembro de 2009, São Lourenço - MG.

Santos, H. A., P. S. Pompeu & C. B. Martinez. 2007. Desempenho de natação do peixe migratório neotropical *Leporinus reinhardti* (Characiformes: Anostomidae). Neotropical Ichthyology, 5: 139-146.

Santos, H. A., P. S. Pompeu & C. B. Martinez. 2007. A Importância do Estudo da Capacidade Natatòria de Peixes para a Conservaçao de Ambientes Aquâticos Neotropicais. Revista Brasileira de Recursos Hidricos, 12: 141-149.

Santos, H. A., P. S. Pompeu, G. S. Vicentini & C. B. Martinez. 2008. Desempenho natatório do peixe neotropical de água doce: *Pimelodus maculatus* Lacepède, 1803. Revista Brasileira de Biologia, 68: 433-439.

Teixeira, A. & R. M. V. Cortes. 2007. A telemetria PIT como método de estudo das necessidades de habitat das populações de peixes: aplicação aos movimentos de trutas nativas e povoadas. Hydrobiologia, 582: 171-185.

Tritico, H. M & A. J. Cotel. 2010. Os efeitos dos remoinhos turbulentos na estabilidade e na velocidade crítica de natação do chub do riacho (*Semotilus atromaculatus*). The Journal of Experimental Biology, 213: 2284-2293.

Volpato, G. R., R. E. Barreto, A. L. Marcondes, P. S. A. Moreira & M. F. de B. Ferreira. 2009. Escada de peixes seleciona características biológicas em curimbatás migradores a montante, Prochilodus lineatus. Comportamento e Fisiologia Marinha e de Água Doce, 42: 307-313.

Wildman, L., P. Parasiewicz, C. Katopodis & U. Dumond. 2002. An Illustrative Handbook on Nature-Like Fishways - Summarized Version. 21p. American Rivers, lastonbury, CT. disponível em: http://act.americanrivers.org/site/DocServer/Nature-LikeFishwaysHandbook.pdf?docID=202 (17 de maio de 2011).

Zydlewski, G. B., A. Haro, K. G. Whalen & S. D. McCormick. 2001. Performance of stationary and portable passive transponder systems for monitoring of fish movements. Journal of Fish Biology, 58: 1471-1475.

II. MÚLTIPLOS USOS DE UMA PASSAGEM PARA PEIXES: É POSSÍVEL CONCILIAR A MIGRAÇÃO DE PEIXES COM A CANOAGEM?

Resumo

O Canal da Piracema é a maior passagem de peixes do mundo, localizada na Barragem de Itaipu, Rio Paraná, América do Sul. Entrou em operação em dezembro de 2002, mas desde 2006 um de seus componentes, o Canal de Águas Bravas (aqui denominado Canal de Aguas Bravas ou CAAB), é utilizado para a prática de esportes náuticos (principalmente canoagem), fora do período de migração reprodutiva dos peixes, conhecido como Piracema. Este estudo avaliou experimentalmente os possíveis efeitos da canoagem sobre a abundância de peixes no CAAB e no Canal de Iniciaçâo (uma possível rota alternativa; aqui denominada CAIN) sob condições controladas e análises de tendência baseadas em um modelo teórico descrito por uma equação. A variável resposta foi a proporção de abundância das espécies em relação à primeira coleta de uma sequência amostral, considerando todos os efeitos ou cenários possíveis: sem efeito; efeito da canoagem; efeito do procedimento de amostragem (manipulação dos canais para realização dos experimentos); ou ambos. A amostragem foi obtida através da secagem do Canal e da contagem do total de peixes presentes no CAAB e no CAIN, antes e depois da prática da canoagem, durante quatro experiências realizadas ao longo dos períodos de migração de 2009-2010 e 2010-2011. Os resultados indicaram o efeito combinado da canoagem e do procedimento de amostragem, sugerindo que pode haver um conflito temporal entre a canoagem e os movimentos dos peixes migradores, onde estes últimos podem procurar rotas alternativas (CAIN) quando o CAAB está a ser utilizado para práticas desportivas. Os efeitos também foram observados para as espécies não migradoras.

Introdução

Os avanços na tecnologia de engenharia permitiram o desenvolvimento de vários tipos de passagens para peixes (Clay, 1995) e, recentemente, foram construídas algumas estruturas polivalentes para servir actividades recreativas (canoagem) e a migração de peixes (passagens para peixes). No entanto, a maior parte da informação relativa a estes mecanismos encontra-se na literatura cinzenta (não em relatórios técnicos publicados). De acordo com Caisley & Garcia (1999), as estruturas para passagem de barcos foram construídas em rios com declives acentuados e corredeiras de água branca, e as estruturas para passagem de peixes foram construídas em rios com peixes anádromos. Por conseguinte, a maior parte da literatura foi escrita para rios com estas características e peixes. A maioria dos projectos coloca a ênfase nas características hidráulicas relacionadas com a atividade recreativa (Goodman e Parr, 1994), enquanto as necessidades para o movimento dos peixes são secundárias ou não são consideradas. Esta tendência pode influenciar os usos múltiplos de uma determinada estrutura. De acordo com Witt *et al.* (2016), as poucas informações publicadas centram-se geralmente numa única conceção num único local, na maioria das vezes num açude ou numa barragem sem motor. Embora muitos destes relatórios se esforcem por oferecer directrizes gerais de conceção, o desenvolvimento sistemático de relações funcionais importantes para a conceção de passagens de recreio constitui uma lacuna de investigação significativa, especialmente para instalações hidroeléctricas de baixa queda. Alguns exemplos deste tipo de estrutura polivalente são abordados em Witt *et al.* (2016).

Um projeto desenvolvido para a barragem de North Branch no rio Chicago, nos Estados Unidos, incorpora uma calha para canoas associada a uma passagem para peixes não anádromos num canal de baixo gradiente (Abad *et al.*, 2009). Algumas publicações referem-se a estruturas com passagens para peixes para vários fins relacionados com a conetividade da fauna aquática em condutas de auto-estradas e outras estruturas de navegação interior (Kapitzke, 2005; 2010). As passagens para peixes de tipo natural são também consideradas polivalentes, uma vez que funcionam como habitats de reprodução e de inverno para algumas espécies, para além de restabelecerem a conetividade longitudinal para as espécies visadas (Calles, 2005).

De acordo com Larinier (2002b), estruturas como um rio artificial ou um "canal de derivação natural" podem ser polivalentes. Pode constituir uma passagem para peixes migradores e um curso de água branca para canoas, caiaques ou jangadas. Este mesmo autor refere que, em França, uma limitação frequente à utilização de canais de derivação é a necessidade de fazer passar peixes e canoas através da mesma estrutura.

Muitos estudos sobre os efeitos das actividades recreativas na vida selvagem centram-se em locais específicos ou em espécies particulares, como os cetáceos, as focas e as aves, bem como algumas espécies de peixes. No entanto, em muitos casos, tem sido difícil avaliar o impacto de uma única atividade, como a recreação aquática, entre tantas outras actividades e factores que podem afetar um local ou uma espécie. Muitos destes estudos descrevem as consequências ecológicas e ambientais potencialmente negativas associadas às elevadas taxas de participação de embarcações de recreio motorizadas (Mosisch e Arthington, 1998). No entanto, mesmo as embarcações não motorizadas (veleiros, canoas, caiaques, entre outros) podem causar perturbações no ambiente (ver a revisão em York, 1994). A revisão de Dahlgren e Korschgen (1992) cita 211 artigos relacionados com os efeitos destas interacções nos habitats das aves aquáticas.

Os efeitos da navegação na ictiofauna de água doce são também descritos na literatura (ver as revisões de Liddle e Scorgie, 1980; Wolter e Arlingus, 2003). Os efeitos podem ser directos (mortalidade resultante das forças físicas geradas por uma embarcação em movimento) e indirectos, que impedem os peixes de cuidar ou alimentar a sua descendência, ou provocam a deslocação de ovos e larvas para habitats menos adequados, ou o aumento da turbidez devido à ressuspensão de sedimentos e o aumento da predação resultante da perda de esconderijos, entre outros. Becker *et al.* (2013) relatam que os efeitos do tráfego de embarcações sobre a abundância de peixes dentro do principal canal de navegação de um estuário indicaram que peixes de tamanho médio (301-500 mm) tiveram sua abundância diminuída após a passagem de embarcações, devido a fatores como ruído, bolhas e a própria aproximação física da embarcação. No entanto, os peixes menores (<301 mm) e maiores (>500 mm) aparentemente não foram afetados.

No entanto, os estudos relacionados com os efeitos da canoagem com remos são escassos ou não publicados, e os que tratam de sistemas de transposição são poucos ou inexistentes. Mueller (1980) desenvolveu um sistema de filmagem subaquática para avaliar o efeito das embarcações sobre o comportamento de *Lepomis megalotus*, uma espécie de peixe com cuidados parentais. Os resultados demonstraram que os barcos que passavam a velocidades mais baixas (motor fora de borda ou remo) exerciam o maior impacto, fazendo com que os machos abandonassem os ninhos. Isto aumenta a predação dos ovos e a turbidez devido ao movimento dos remos perto dos ninhos.

A escassez de publicações sobre os efeitos da canoagem nas populações de peixes levou a Agência Ambiental do Reino Unido a efetuar um estudo utilizando o método Delphi aplicado aos problemas da pesca (Zuboy, 1980). O estudo concluiu que a canoagem, em geral, não é prejudicial para as populações de peixes no seu conjunto nem para os salmonídeos (R&D

Technical Report W266, 2000). Um estudo realizado no açude de Chester (rio Dee, Inglaterra), utilizado para actividades recreativas de canoagem e banhos, registou os movimentos dos salmões utilizando radiotelemetria e monitorização vídeo contínua. Concluiu-se que, em geral, o impacto da canoagem era de magnitude insignificante para o diferenciar da variabilidade dos comportamentos registados através da interação de uma série de factores extrínsecos do ambiente físico e operacional. Não foi encontrada qualquer relação causal que apoiasse a ideia de que o atraso da entrada no rio aumentava numa população de salmões com transmissores de rádio quando expostos à canoagem ou à atividade balnear (Relatório Técnico de I&D W266, 2000).

Graham e Cooke (2008) avaliaram as perturbações cardiovasculares ao nível do organismo associadas a diferentes actividades náuticas recreativas, utilizando o robalo (*Micropterus salmonoides*) como modelo. Em termos da magnitude da perturbação, o débito cardíaco aumentou 29% sob o tratamento com uma canoa a remos, 44% com um motor elétrico e 67% com um motor de combustão. O tempo de recuperação das variáveis cardiovasculares foi menor (~15 min) após a exposição ao tratamento com canoa a remos em comparação com a embarcação com motor elétrico (~25 min) e com motor de combustão (~40 min). Os autores questionaram-se se a perturbação causada pela canoa e pelo motor elétrico seria semelhante a perturbações ecologicamente relevantes, como as actividades de banho e as tentativas de predação. No entanto, desconhece-se a frequência com que estes eventos ocorrem na natureza, em relação à frequência das perturbações devidas à navegação.

Percebe-se que há controvérsia entre estudos sobre os efeitos de atividades recreativas consideradas de baixo impacto sobre o ambiente aquático, como as modalidades de *slalom* e *rafting,* que são praticadas normalmente em um trecho do Canal da Piracema desde 2006. O Canal permite a passagem de peixes do Rio Paraná para o Reservatório de Itaipu. Dos estudos citados, nenhum foi realizado na região Neotropical, o que dificulta ainda mais a identificação de possíveis interferências do uso das passagens de peixes sobre as atividades náuticas neste domínio. O objetivo deste estudo foi avaliar tendências da possível influência exercida pela canoagem sobre a abundância de espécies de peixes utilizando um trecho do Canal da Piracema conhecido como Canal das Águas Brancas, aqui denominado CAAB (Canal de Águas Bravas) como passagem para peixes, empregando uma abordagem experimental. Especificamente, procuramos responder às seguintes questões: i) as assembléias de peixes presentes no CAAB variam entre os experimentos realizados (diferentes espécies na escala de tempo); e ii) a prática da canoagem afeta o movimento dos peixes no CAAB?

Material e métodos

Área de estudo

O Canal da Piracema é um sistema de transposição de peixes de 10,3 km localizado na usina hidrelétrica de Itaipu, com um ganho de elevação total de 120 m (Fig. II-1). O Canal foi construído na margem esquerda do rio Paraná, no município de Foz do Iguaçu, Estado do Paraná, Brasil. As características de sua construção estão bem descritas em Fiorini *et al.* (2006) e Makrakis *et al.* (2007; 2011). O sistema é considerado um canal de desvio parcialmente natural.

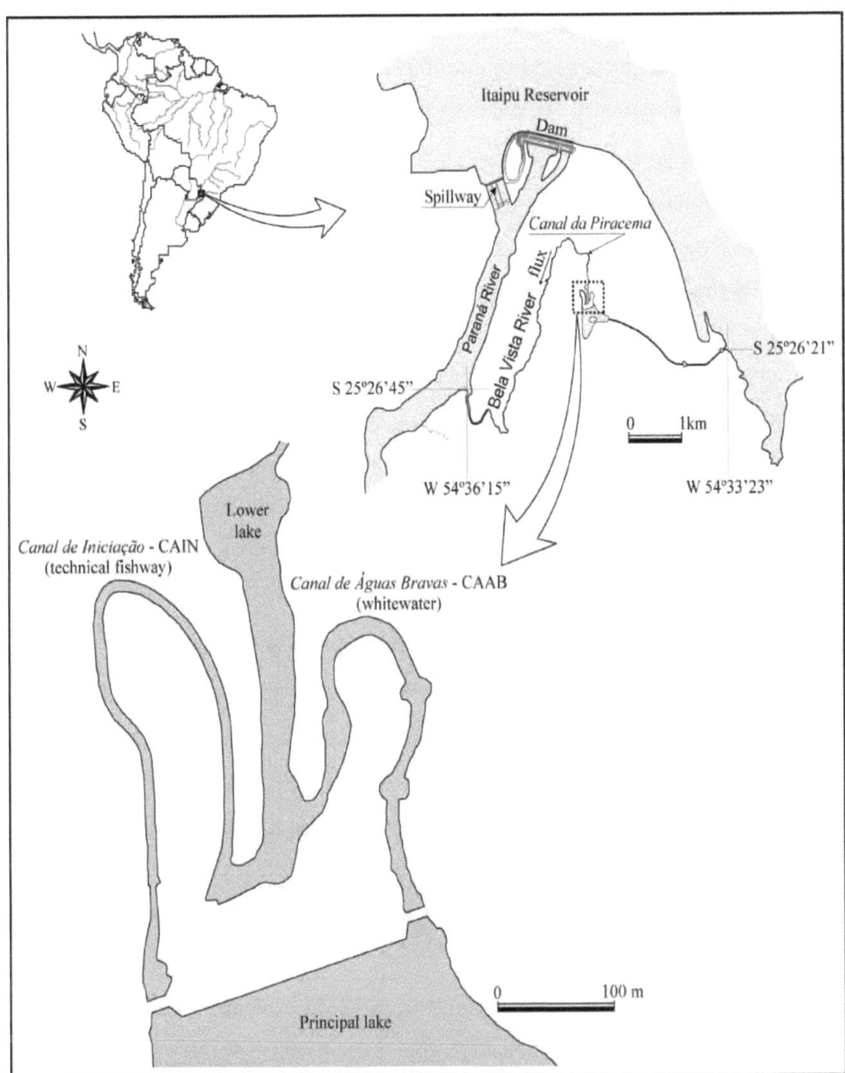

Figura II-1. O Canal da Piracema (acima e à direita) e uma vista detalhada da área de usos múltiplos.

Fora do período de piracema (termo indígena para designar a época de reprodução das espécies migratórias de peixes), que na bacia do rio Paraná compreende os meses de novembro, dezembro, janeiro e fevereiro, o Canal da Piracema pode sediar competições desportivas locais, regionais, nacionais e internacionais, ao mesmo tempo em que cumpre sua função principal de servir de rota de migração para os peixes do rio Paraná. As condições para esse uso múltiplo foram definidas pelo Instituto Brasileiro do Meio Ambiente e dos Recursos Renováveis - IBAMA e seguem um cronograma previamente estabelecido.

Para atingir o objetivo desportivo proposto para o Canal da Piracema, o projeto incluiu a construção de dois canais artificiais de conexão em uma porção intermediária do sistema, denominados Canal de Águas Bravas - CAAB (trecho de canal de águas brancas) e Canal de Iniciação - CAIN (trecho de canal técnico). Posteriormente, as modificações efectuadas no CAIN centraram-se exclusivamente na migração de peixes. Esses canais começam cada um em uma extremidade de uma barragem de baixa queda formando o Lago Principal (a maior área de descanso para peixes no sistema; Fig. II-1) a cerca de 77,2 m de ganho de elevação (64% do total) e ambos descarregam no Lago Inferior, a 70,0 m de ganho de elevação, compreendendo 7,20 m de declive. Este conjunto de componentes representa a parte do sistema considerada para usos múltiplos, na qual se desenvolvem actividades recreativas (Fig. II-1).

O Canal de Águas Bravas - CAAB, também conhecido como Canal Itaipu, é utilizado para treinamento e competição nas modalidades de canoagem e rafting (Fig. II-2).

O comprimento do CAAB é de 470 m, com um declive médio de 1,53%. A largura média é de 12 m e a profundidade varia entre 0,8 e 1,5 m quando explorado com caudais de 8 a 11 m^3 /s, normalmente utilizados para fins desportivos. Para criar o regime turbulento caraterístico das águas brancas ou agitadas, foram colocados obstáculos estruturados ao longo deste canal, envolvendo rochas naturais, proporcionando troços de maior ou menor velocidade, como os rápidos de um rio.

O Canal de Iniciação - CAIN, com um comprimento de 521 m e um declive médio de 1,5%, é basicamente uma escada para peixes com dimensões homogéneas e obstáculos padronizados moldados no betão armado (Fig. II-3).

Figura II-2. O Canal de Águas Bravas - CAAB (canal de águas brancas).

Figura II-3. O Canal de Iniciação - CAIN (uma secção de uma via de pesca técnica).

Abordagem experimental e recolha de dados

Para a recolha dos peixes, foram montadas duas estruturas de contenção, no início e no fim do CAAB. Cada uma destas estruturas era constituída por uma estrutura de ferro, que suportava uma superfície de rede de arame galvanizado de 25 mm, revestida a PVC. Estas estruturas permaneciam planas no fundo do CAAB e durante as amostragens eram levantadas, funcionando como uma tela capaz de fechar toda a secção do canal no sentido horizontal e vertical. (Fig. II-4). Imediatamente a seguir, a comporta que regula a entrada de água na

CAAB era completamente fechada, reduzindo assim o caudal e permitindo a captura dos peixes retidos na superfície da malha das estruturas de contenção (Fig. II-4).

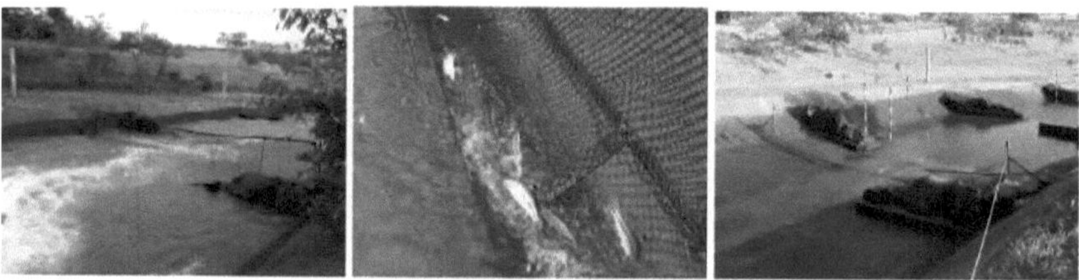

Figura II-4. A estrutura de contenção de peixes utilizada para a amostragem, içada durante a drenagem da CAAB (esquerda), os peixes presos para a amostragem (no meio) e deitados após o fim da amostragem, antes do restabelecimento do caudal (direita).

Em cada amostragem, antes de interromper o fluxo de água através do Canal, foram efectuadas medições das variáveis abióticas com maior potencial para influenciar o movimento das espécies migratórias, de acordo com Vazzoler (1996). As variáveis consideradas foram: caudais no CAAB e CAIN, temperatura da água, turbidez e oxigénio dissolvido (Anexo 1). Os caudais foram estimados por sondas SonTek Argonaut-SW (Shallow Water), instaladas em ambos os canais em avaliação. Os restantes dados abióticos foram medidos com uma sonda multiparamétrica Horiba, série U-50 (modelo U-53).

Cada evento de amostragem ou Experimento (Exp.) foi realizado durante sete dias consecutivos, alternando dias sem atividades esportivas com dias contendo prática de canoagem. Em intervalos de 24 horas o fluxo pelo Canal foi interrompido, e todos os peixes retidos foram identificados, contados e soltos no Lago Inferior (final do CAAB e CAIN). Quatro experimentos foram realizados durante o ano de 2010, em dois períodos diferentes de desova das espécies migratórias do Rio Paraná (segundo Vazzoler, 1996). Os Experimentos 1 (Exp1) e 2 (Exp2) foram realizados, respetivamente, em janeiro e fevereiro de 2010, com amostragens sempre às 17:00 horas, enquanto os Experimentos 3 (Exp3) e 4 (Exp4) foram realizados em outubro e novembro-dezembro de 2010, respetivamente, porém, no período noturno, às 19:30 horas (Tabela II-1).

Tabela II-1. Data e período dos experimentos realizados no Canal de Águas Bravas (CAAB) para avaliar o efeito da canoagem sobre a ictiofauna.

Experiência	Data	Dia/Nova hora	Período reprodutivo

Exp1	25 a 31/01/ 2010	Dia (17:00h)	2009-2010
Exp2	06 a 12/02/ 2010	Dia (17:00h)	2009-2010
Exp3	06 a 12/10/2010	Noite (19:30 h)	2010-2011
Exp4	29/11 a 03/12/2010	Noite (19:30 h)	2010-2011

Cada experiência incluiu um impacto inicial sobre o sistema (amostra 1), durante o primeiro dia de amostragem, com o encerramento das estruturas de contenção e, imediatamente, da comporta que regula o caudal de água através do CAAB. Ao mesmo tempo, para manter um caudal aproximadamente constante no sistema a jusante, o volume de água na CAIN foi aumentado por uma abertura adicional das suas comportas.

Após o término da drenagem da água da CAAB, foi realizada a coleta, identificação e contagem dos peixes aprisionados pelas estruturas de contenção. O mesmo procedimento foi empregado nos dias seguintes, sempre em intervalos de 24 horas, sendo a segunda amostragem acompanhada de canoagem, a terceira sem canoagem, a quarta com canoagem, e assim sucessivamente, chegando a um total de três réplicas para cada condição experimental (com e sem canoagem) por experimento, exceto no Exp4, com apenas duas réplicas. Assim, os Experimentos 1, 2 e 3 tiveram duração de sete dias cada, e o Experimento 4, de cinco dias. O primeiro dia correspondeu sempre a uma amostragem inicial, sem atividade desportiva. Nas amostragens com canoagem, a atividade desportiva padrão foi realizada por 12 atletas no período das 08:00h às 12:00h e das 14:00h às 17:00h. Embora pequeno em relação às condições reais dos eventos desportivos, este foi o esforço possível, considerado suficiente para o objetivo experimental.

Nas Exp3 e Exp4 foi também amostrado o Canal de Iniciaçâo (CAIN). Este canal não é utilizado para actividades desportivas, pelo que serviu de controlo para validar o procedimento de amostragem, embora possa também sofrer influência das actividades e eventos de amostragem realizados no CAAB. Ambos os canais foram, portanto, submetidos aos mesmos procedimentos nestas duas últimas experiências. As amostragens no CAIN, que opera com aproximadamente 25% da vazão do CAAB, foram realizadas instalando-se uma rede na extremidade inferior deste canal e fechando-se a entrada até completar a drenagem da água. Em seguida, a identificação e a contagem dos peixes procederam da mesma forma que na CAAB.

Análise de dados

Caracterização abiótica

As variáveis abióticas medidas são apresentadas graficamente, com o objetivo de caraterizar o Canal nas diferentes experiências. Isto foi necessário porque os dados foram recolhidos durante meses diferentes ao longo de um ano, que compreendia dois períodos de desova.

Levantamento da ictiofauna e semelhança entre as experiências

Foi efectuada uma descrição geral das amostragens (abundância total e número de espécies capturadas). As principais espécies capturadas foram descritas em maior detalhe, com ênfase na sua estratégia reprodutiva (MIG = espécies migradoras de longa distância; SSC = sedentárias migradoras de curta distância com fecundação externa sem cuidado parental; SCC = sedentárias ou migradoras de curta distância com fecundação externa e cuidado parental; SFIE = sedentárias ou migradoras de curta distância com fecundação interna e desenvolvimento externo) de acordo com Suzuki *et al.* (2004) e Agostinho *et al.* (2007). Para avaliar a similaridade da ictiofauna entre os experimentos, os dados de abundância (número de indivíduos) foram resumidos em uma análise multivariada utilizando o software PC-ORD versão 5.0 (McCunne e Mefford, 1995). A análise de correspondência (CA; Gauch Jr., 1984) foi utilizada para ordenar as amostras. Para a aplicação da AC, os dados de abundância foram transformados em raiz quadrada, dando menor peso às espécies raras. Os escores dos dois primeiros eixos (que geralmente representam a maior parte da variabilidade) foram retidos para interpretação e utilizados nas análises subsequentes, controlando para os Experimentos. Assim, foi possível avaliar se os experimentos realizados em meses diferentes apresentaram ictiofauna diferenciada.

Efeito da canoagem

Para determinar a melhor forma de analisar os dados, preparámos um modelo teórico não preditivo que incorporasse todas as tendências ou respostas possíveis para os peixes. Para estabelecer este modelo, o primeiro passo foi determinar a variável de resposta (Y), que seria utilizada para avaliar os efeitos das actividades de canoagem. A fórmula seguinte foi utilizada para calcular esta variável:

$$Y = \left(\frac{N_i}{N_1} \right) - 1 \qquad\qquad \textbf{Equation 1}$$

em que: Ni = abundância na amostra i (1, 2, ..., i); N1 = abundância na amostra inicial.

Desta forma, valores negativos implicam uma diminuição da abundância (efeito negativo) e valores positivos implicam a atração ou a chegada de cardumes (efeito positivo). Com a variável determinada, o passo seguinte foi identificar as respostas possíveis (cenários), que são apresentadas na Figura II-5. Os cenários considerados foram:

- Cenário 1: Sem efeito da canoagem nem da manipulação do canal (secagem para recolha de peixes);

- Cenário 2: Apenas com o efeito de canoagem;

- Cenário 3: Apenas com o efeito de manipulação do Canal;

- Cenário 4: Com o efeito da canoagem e da manipulação do canal.

Os efeitos positivos sobre a ictiofauna (atração e chegada de cardumes) não foram considerados nesta figura.

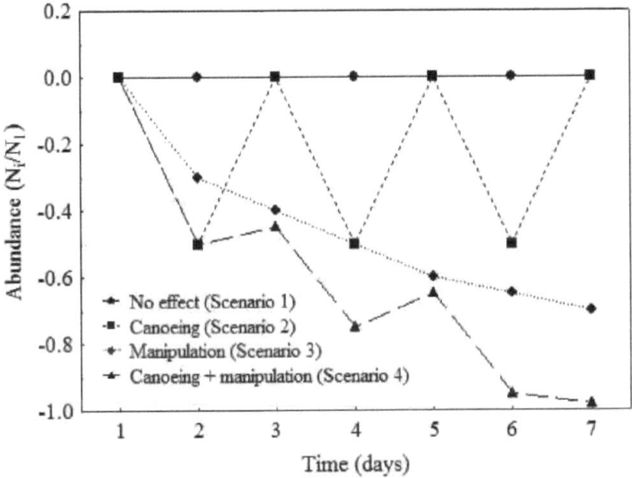

Figura II-5. Tendências que representam o possível comportamento da variável resposta (abundância) em relação a cada um dos efeitos seleccionados ao longo do tempo. Obs: Qualquer valor acima de zero indica que os peixes podem ter sido atraídos pela manipulação da CAAB. Além disso, pode indicar que um cardume está se deslocando na região (essas duas possibilidades de efeito positivo não estão representadas).

41

Para determinar qual o cenário que melhor representa a variável de resposta em cada experiência, foram seleccionados modelos que explicam cada um dos cenários, da seguinte forma

Cenário 1: Pelo modelo teórico, na ausência de qualquer efeito, o resultado esperado seria um valor próximo de zero na variação da abundância (as abundâncias seriam sempre semelhantes à primeira amostrada) de acordo com a equação:

$$Y = 0 \qquad \text{Equação 2}$$

Onde Y é a abundância relativa da amostra em relação à primeira (ver Equação 1), e o 0 (zero) corresponde à interceção de um modelo linear, com inclinação também 0.

Cenário 2: No caso de apenas o efeito da canoa, a variação esperada para a série temporal seria uma caraterística de uma resposta sinusoidal, representada graficamente pela forma de uma onda dentada, ou seja, valores inferiores a zero nos dias de atividade desportiva e iguais a zero nos dias sem canoagem (todos os peixes poderiam potencialmente regressar ao CAAB), e que pode ser definida pela expressão:

$$Y = A\sin(kx - \omega t - \psi) + D \qquad \text{Equação 3}$$

Onde: A é a amplitude; k é o número de onda; ω é a frequência angular; ψ é a mudança de fase (que no nosso modelo tende para zero) e; D é o desvio vertical.

Cenário 3: No caso de efeito devido apenas à manipulação do canal, o comportamento esperado seria expresso por uma linha de tendência logarítmica, com queda acentuada da abundância após o impacto causado pela manipulação do canal na primeira amostra, com tendência contínua de queda nas demais amostras ao longo dos experimentos (resultante da perturbação causada ao sistema pelo procedimento de amostragem), conforme a equação:

$$Y = \alpha \ln X + \beta \qquad \text{Equação 4}$$

Onde: α e β são a interceção e a inclinação (respetivamente) e Ln é a função do logaritmo natural.

Cenário 4: Finalmente, o efeito combinado da canoagem com a manipulação do canal deveria produzir uma variação do tipo polinomial, com picos nas amostras de numeração ímpar (sem atividade desportiva) e vales nas amostras de numeração par (com o efeito da canoagem), mas com tendência a diminuir. Por outras palavras, com a canoagem os peixes abandonariam o CAAB e voltariam a ele quando esta atividade deixasse de ocorrer (mas em menor número), de acordo com a expressão abaixo (neste caso um polinómio de terceira ordem):

$$Y = \alpha + \beta_1 x + \beta x_2^2 + \beta x_3^3 \qquad\qquad \textbf{Equação 5}$$

Onde: α e βi são constantes.

Para a apresentação dos resultados obtidos para os dois canais (CAAB e CAIN, sendo este último um possível caminho alternativo), optou-se por representar graficamente a abundância de todas as espécies, o total de espécies migradoras, o total de espécies não migradoras e as espécies mais abundantes, para verificar os tipos de respostas em relação ao modelo teórico (Fig. II-5). Seguindo os objectivos propostos para o ajuste dos modelos, apenas foi considerada a abundância total de indivíduos ou a abundância total de migradores de longa distância. Os modelos foram ajustados com o uso do software Excel, empregando a ferramenta linha de tendência, que também fornece os valores do Coeficiente de Determinação (R^2), para verificar o melhor ajuste ao modelo proposto.

Resultados

Caracterização abiótica

Os dados abióticos apresentam diferenças mais acentuadas para as Experiências 1 e 2 em relação às Experiências 3 e 4 (Fig. II-6), reflectindo as variações entre os diferentes meses do ano em que as amostras foram recolhidas (verão no Exp1 e Exp2 e outono no Exp3 e Exp4). As concentrações de oxigénio dissolvido mantiveram-se acima de 5,0 mg/l em todas as experiências, com um máximo de 9,3 mg/l no Exp3. Os valores mais elevados de turvação observados nas duas primeiras experiências podem ter contribuído para a maior abundância de peixes nestes dois eventos. Águas turvas tendem a favorecer os movimentos dos peixes (menos influências externas), a diminuir o efeito visual do movimento dos caiaques na CAAB, e a estimular para o movimento das espécies migratórias, se ocorrerem em escala regional (Vazzoler, 1996; Rodriguez e Lewis, 1997; Agostinho *et al.*, 2003). As vazões permaneceram dentro dos padrões estabelecidos para a operação do sistema, variando, no CAAB, de 7,27 m³ /s (Exp2, amostra 7) a 10,5 m³ /s (Exp3, amostra 1) e no CAIN, de 1,69 (Exp4, amostra 2) a 3,10 m³ /s (Exp1, amostra 1).

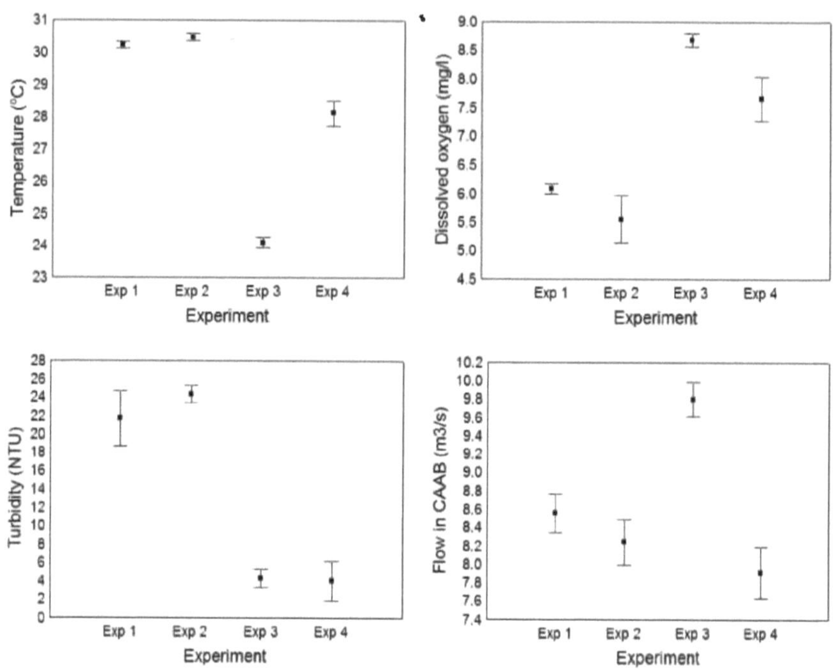

Figura II-6. Médias (± desvio padrão) das variáveis abióticas medidas durante os experimentos realizados no CAAB, localizado no Canal da Piracema, próximo à barragem de Itaipu.

Levantamento da ictiofauna e semelhança entre experiências

Nas quatro experiências realizadas no CAAB e duas no CAIN, foram realizadas 38 amostragens, resultando na captura de 2.037 indivíduos pertencentes a 18 espécies. No Exp1 registámos 14 das 18 espécies amostradas e 1.184 indivíduos recolhidos. O segundo experimento com maior abundância de peixes foi o Exp2, com 370 indivíduos de oito espécies. Nos Exp3 e Exp4 o número de indivíduos amostrados foi, respetivamente, 181 (8 espécies) e 302 (10 espécies) (Fig. II-7A e B), totalizando 483 indivíduos nestas duas últimas experiências. Deste total, 219 foram capturados no CAAB (11 espécies) e 264 no CAIN (10 espécies).

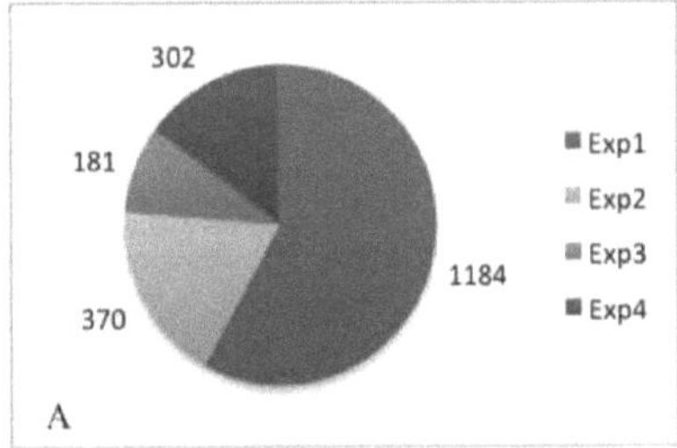
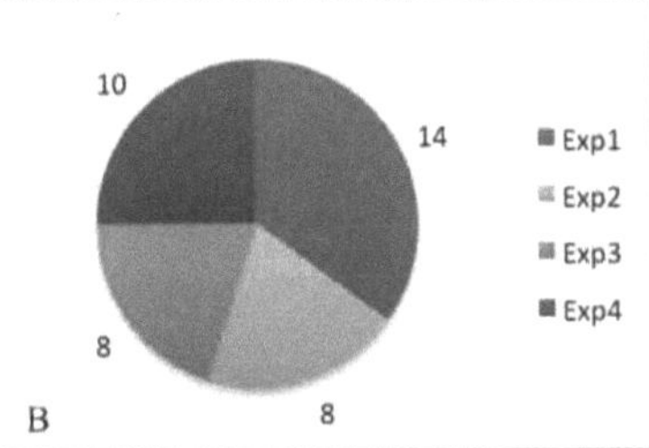

Figura II-7. Número de indivíduos (A) e número de espécies (B) por experiência

No total das quatro experiências, a espécie mais frequente foi *Leporellus vittatus* (n = 1251), representando 61,4% da abundância, seguida de *Leporinus friderici* (n = 348) com 17,1%, *Hypostomus* spp. (n = 120) com 5,9% e *Prochilodus lineatus* (n = 114) com 5,6%. No seu conjunto, estas quatro espécies representaram 90% do total (quadro II-2).

Nas experiências de outono (Exp3 e Exp4), realizadas durante a noite, verificou-se a ocorrência de 12 espécies. No entanto, nestes eventos foi impossível contabilizar os indivíduos de *Hypostomus spp.*, devido à sua grande abundância (impedindo a sua morte), particularmente no CAIN, razão pela qual não foram considerados na análise dos dados. Assim, os 483 indivíduos amostrados no Exp3 e Exp4 representam 11 espécies, das quais a mais abundante foi *Leporinus friderici* (n = 298) com 62% do total, e encontrada com quase o dobro da frequência no CAIN (64,8%) em relação ao CAAB (35,2%). Quatro espécies (*Pimelodus maculatus, Schizodon borellii, Salminus hilarii* e *Megalancistrus parananus*) só foram encontradas nestas experiências e entre elas, *S. borellii* só foi capturada no CAAB, com sete indivíduos presentes no Exp4, amostra 5.

Na ordenação resultante da aplicação da análise de correspondência (AC), ficou evidente a separação das amostragens obtidas no Exp1 e Exp2 em relação às dos outros dois experimentos (Fig. II-8). Essa diferença possivelmente está relacionada aos diferentes períodos ou meses do ano em que os experimentos foram realizados, mas também pode refletir variações na assembléia de peixes que utilizam os sistemas em diferentes turnos (dia e noite). A variabilidade entre as amostragens foi maior no Exp3 e Exp4 (CAAB e CAIN; outono, noite), embora a abundância e o número de espécies tenha sido maior no Exp1 e Exp2 (CAAB; verão, dia).

Tabela II-2. Espécies mais abundantes no total das experiências e suas estratégias reprodutivas: MIG = espécie migratória de longa distância; SSC = sedentária migratória de curta distância com fertilização externa sem cuidado parental; SCC = sedentária ou migratória de curta distância com fertilização externa e cuidado parental; SFIE = sedentária ou migratória de curta distância com fertilização interna e desenvolvimento externo (Suzuki *et al.*, 2004).

Espécies	Reprodução	Abundância total	
	estratégia	Absoluto	Relativo
Leporelus vittatus	SSC	1251	61.4%
Leporinus friderici *	SSC*	348	17.1%
Hypostomus ssp	SCC	120	5.9%
Prochilodus Iineatus	MIG	114	5.6%
Salminus brasiliensis	MIG	76	3.7%
Leporinus octofasciatus	SSC	31	1.5%
Leporinus elongatus	MIG	30	1.5%
Potamotrygon motoro	SFIE	19	0.9%
Pimelodus maculatus	MIG	13	0.6%
Outros	Variado	35	1.7%

Algumas espécies foram raramente capturadas no sistema, como *Apareiodon affinis*, *Brycon hilarii* e *Satanoperca pappaterra*, todas com um único indivíduo coletado, além de *Megalancistrus parananus*, *Geophagus* cf. *proximus* e *Piaractus mesopotamicus*, com dois, três e quatro indivíduos, respetivamente. Com exceção de *M. parananus*, observado no Exp4 (noturno), as outras espécies raras só estiveram presentes no Exp1. Estes dados estão resumidos no Apêndice 2. Para além das cinco espécies raras presentes em Exp1, *Brycon orbignyanus* só foi encontrado durante o dia, num total de 10 indivíduos amostrados em Exp1 e Exp2.

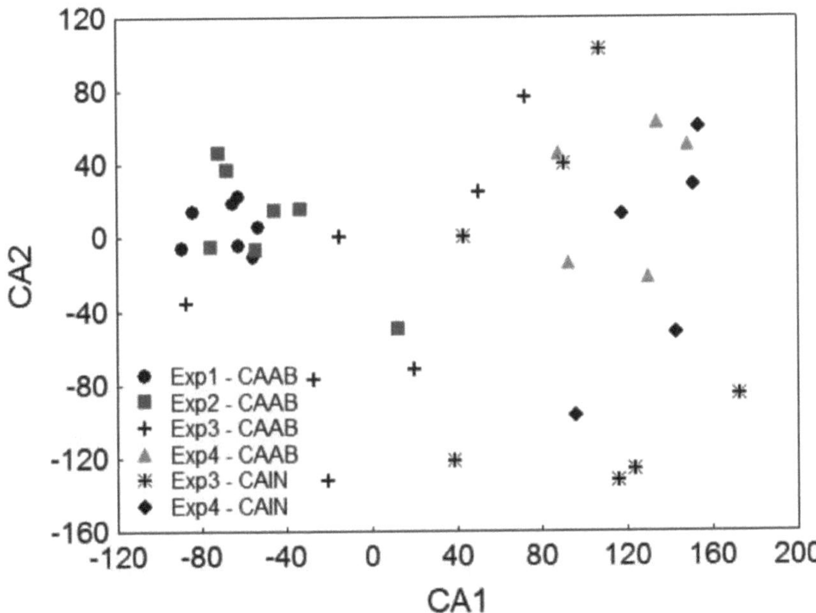

Figura II-8. Ordenação das amostragens resultantes da aplicação das análises de correspondência (CA; CA1: eixo 1; CA2: eixo 2) dos experimentos realizados no Canal da Piracema, para avaliar os efeitos da canoagem sobre as assembléias de peixes

Efeito da canoagem

Em todas as experiências, foram observadas flutuações consideráveis de abundância entre as amostras. Após o impacto presumivelmente causado pela amostragem inicial, a amostragem seguinte, na CAAB, foi invariavelmente caracterizada por uma redução do número de indivíduos (Fig. II-9).

A partir da terceira amostragem, observou-se um padrão geral de variação com uma tendência de recuperação da abundância nos dias sem atividade desportiva (amostragens com numeração ímpar) e uma pequena diminuição nos dias com canoagem (amostragens com numeração par). Este padrão foi mais evidente para as espécies não migradoras, representadas principalmente por *L. vittatus*. As espécies que melhor representaram o grupo migratório foram *P. lineatus* no Exp1 e *L. friderici* nos demais experimentos (Fig. II-9). *L. friderici*, embora não possa ser caracterizada como uma espécie migratória de longa distância, possui comportamento reofílico e é encontrada em todo o sistema. Além disso, de acordo com dados de um estudo paralelo utilizando telemetria, 10% dos indivíduos de *L. friderici* marcados com transponder integrado passivo (PIT tag) no Lago de Baixo chegaram à parte alta do sistema. Por estas razões, esta espécie é considerada migradora neste estudo, tal como identificado por Agostinho *et al.* (2007).

Com base nos possíveis cenários propostos para este estudo (Ver Fig. II-5 para detalhes), foram consideradas apenas as linhas de tendência logarítmica e polinomial (Equações 4 e 5), uma vez que as outras duas possibilidades (Equações 2 e 3) podem ser descartadas pela simples representação gráfica dos dados (Ver Fig. II-9). Assim, foi analisada a possibilidade de um efeito isolado devido à manipulação do canal (equação logarítmica), ou do efeito combinado da manipulação do canal + canoagem (equação polinomial), considerando a abundância total das espécies migratórias nos três primeiros experimentos (Fig. II-10).

Os valores obtidos para R^2 são apresentados no Quadro II-3.

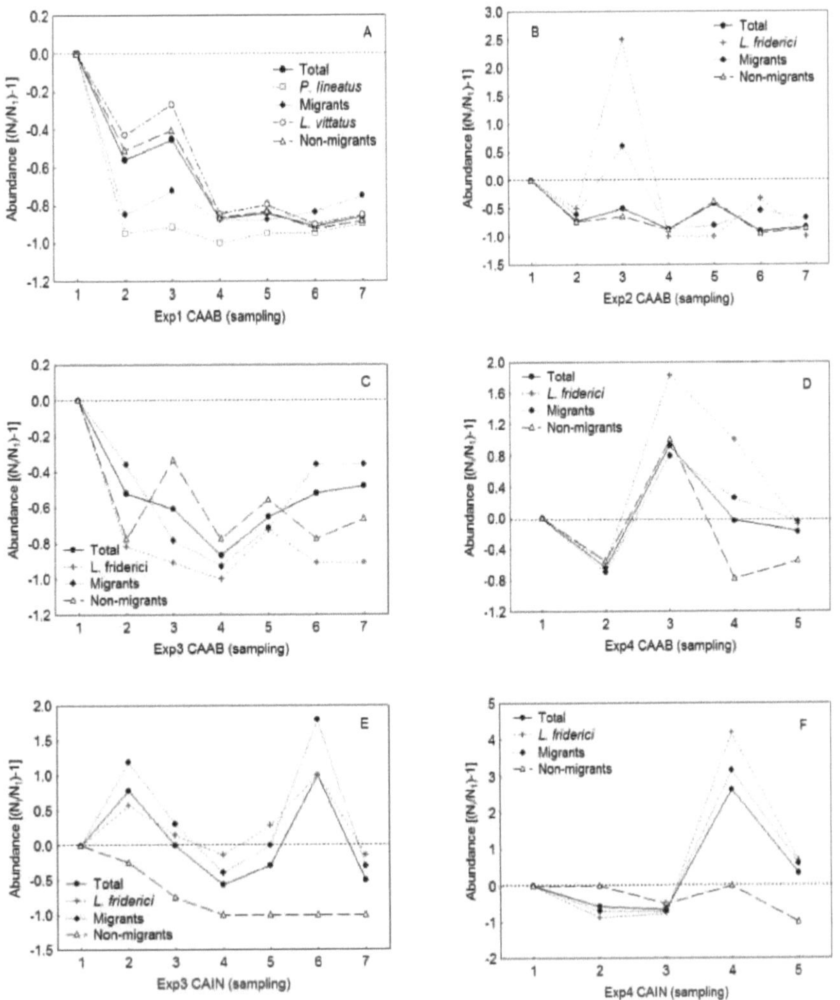

Figura II-9. Variações nas proporções de abundância (N_i/N_1)-1] ao longo dos experimentos (A, B, C e D = Experimentos 1, 2, 3 e 4, respetivamente, realizados no CAAB; E e F = Exp3 e Exp4 realizados no CAIN), considerando o número total de indivíduos amostrados (total), a frequência de migrantes (migrantes) e não migrantes (não migrantes), bem como as espécies mais abundantes em cada experimento (as amostragens com numeração ímpar correspondem a dias sem atividade esportiva e as amostragens com numeração par a dias com canoagem)

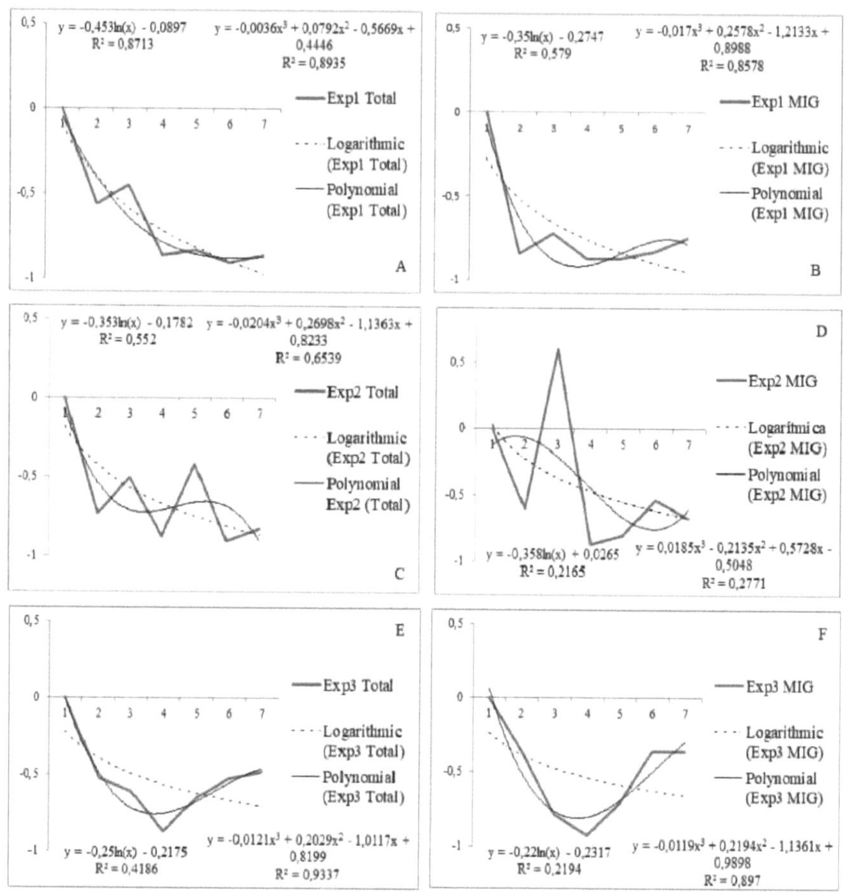

Figura II-10. Representação dos ajustes aos modelos (logarítmico e polinomial) para os dados agrupados (todas as espécies - A, C, E; e para as espécies migradoras - B, D, F), nos vários experimentos que apresentaram respostas negativas à manipulação da CAAB (o melhor ajuste foi aquele com maior valor para R^2). Exp1 (A e B), Exp2 (C e D) e Exp3 (E e F).

Apenas a proporção da abundância total no Exp1 apresentou o valor elevado de R^2 (0,87) com o modelo logarítmico muito próximo do obtido com o modelo polinomial (0,89), mas com resíduos negativos em relação à canoagem e resíduos positivos

relativamente à ausência de canoagem. No entanto, para as espécies migradoras, nesta mesma experiência, o ajuste ao modelo polinomial ($R^2 = 0,90$) foi melhor em comparação com o modelo logarítmico ($R^2 = 0,60$).

Tabela II-3. Valores do coeficiente de determinação (R2) para o ajuste dos modelos logarítmico e polinomial aos dados da razão de abundância [(Ni / N1) -1] para as três experiências realizadas no CAAB. De acordo com os cenários considerados, eles foram influenciados pela manipulação do canal e pela canoagem.

Explorar			Exp2		Exp3	
Modelos	Total	Migratório	Total	Migratório	Total	Migratório
Logaritmo	0.87	0.58	0.55	0.22	0.42	0.22
Polinomial	0.90	0.90	0.73	0.28	0.93	0.90

Nas demais análises realizadas, os baixos valores do coeficiente de determinação para a equação logarítmica sugerem que apenas uma pequena parcela explica as variações apenas pelo efeito da manipulação do canal. Os polinômios de grau 3 e 4, empregados para analisar as curvas de abundância total e de espécies migratórias em cada um dos experimentos, apresentam sempre um melhor ajuste (maior R^2), representando melhor a razão entre as duas variáveis que correspondem ao efeito da manipulação da CAAB e da Canoagem (Fig. II-10).

Os baixos valores de R^2 obtidos para as espécies migradoras no Exp2, com ambas as equações, devem-se à forte variação positiva apresentada na amostra 3, sugerindo que houve atração ou que um cardume estava passando pela CAAB durante a amostragem. Pelo mesmo motivo não foram feitas as análises para o Exp4 da CAAB e para os Exp3 e Exp4 da CAIN, que apresentaram este efeito de forma ainda mais acentuada (Fig. II-10D, 10E, 10F). Particularmente no CAIN, este efeito pode estar associado à utilização desportiva do CAAB.

Discussão

Os factores hidráulicos, como a velocidade da água e os regimes de escoamento, que devem ser compatíveis com a capacidade natatória das espécies consideradas, bem como as variáveis ambientais (nível de oxigénio dissolvido, temperatura, ruído e cheiro, entre outros) podem influenciar o comportamento dos peixes (Larinier, 2002a). As variáveis abióticas medidas apresentam diferenças acentuadas entre os Experimentos 1 e 2 em relação aos Experimentos 3 e 4, refletindo as variações entre os diferentes meses do ano em que as amostras foram coletadas. Diferenças evidentes entre estes períodos foram também evidenciadas na composição da assembléia de peixes, como observado na riqueza de espécies, assim como na abundância e na ordenação das amostragens. No entanto, estas diferenças não parecem ter influenciado a tendência geral de variação da variável de resposta (rácio de abundância) nas experiências realizadas na CAAB (ver Fig. II-9).

As condições de maior turbidez e temperatura, no Exp1 e Exp2, são compatíveis com a maior abundância observada nesses experimentos e também foram registradas em estudos anteriores (Makrakis *et al.*, 2007; Fernandez *et al.*, 2007). Outra variável importante na determinação da subida dos peixes no Canal da Piracema e consequentemente no CAAB é a vazão, que neste caso está relacionada com a velocidade da água. Makrakis *et al.* (2011) demonstraram que o aumento dessas variáveis pode levar a uma diminuição na probabilidade de subida de espécies migratórias. Nas experiências realizadas, os caudais foram controlados o mais possível para evitar grandes variações entre amostragens. No entanto, essa variável foi afetada pelas variações no nível do reservatório de Itaipu e pelas chuvas fortes ocasionais na bacia hidrográfica do rio Bela Vista e no trecho a montante do sistema, que têm o potencial de elevar notavelmente as vazões no Canal da Piracema. No entanto, desde que as variações de vazão sejam mantidas entre 7,0 e 10,0 m^3 /s na CAAB, e garantindo-se a condição geral de operação do sistema, a variação de vazão pode não ter efeito suficiente para influenciar os peixes em relação à presença ou ausência de canoagem.

Os dados mostram claramente o melhor ajuste das variações da razão de abundância em relação ao modelo polinomial, indicando os efeitos combinados da canoagem e da manipulação do CAAB. Assim, apesar do impacto potencial produzido pelo processo de amostragem, foi possível evidenciar o efeito do uso desportivo sobre o movimento dos peixes. Esta influência parece ter sido maior sobre os peixes não migradores, cujas curvas de abundância apresentam picos e vales mais acentuados, mas as espécies migradoras também foram afectadas de forma semelhante. Considerando que a CAAB é um ambiente temporário para as espécies migradoras em trânsito pelo sistema, sugere-se que o tempo de permanência destas na CAAB seja pequeno, em relação às espécies não migradoras, que sofreriam maior influência de fatores adversos.

Para as espécies migradoras, na CAAB, observou-se em todas as experiências um decréscimo acentuado da proporção na segunda amostragem, quando comparada com a primeira (de acordo com a Equação 1), com uma tendência para a recuperação na amostragem 3 e um decréscimo na amostragem 4 (Fig. II-9). Nas amostragens seguintes (5, 6 e 7) a tendência geral observada sugere recuperação ou estabilização em relação à amostragem anterior. Nos

Exp3 e Exp4 observou-se uma maior proporção de espécies migradoras no CAIN, relativamente à captura inicial - principalmente nas amostragens efectuadas em dias de canoagem (Exp3, amostas pares; Exp4, amostra 4) (Fig. II-9E e 9F). Este facto é também verificado quando, em dias não canoados, a proporção aumentou em CAAB (Exp3, amostras 1 e 7; Exp4, amostra 3), mas a abundância efectiva foi baixa (ver Anexo 2). Isto pode ser uma indicação de que as espécies migradoras podem utilizar o CAIN como rota alternativa (efeito de atração), mas esta interpretação deve ser usada com precaução devido ao baixo número de indivíduos capturados (abundância) nas poucas experiências realizadas no CAIN (apenas duas repetições não permitem uma conclusão definitiva). Para além disso, estes resultados foram muito influenciados por uma única espécie migradora (*L. friderici*), muito abundante no sistema.

A redução sensível na abundância de espécies migradoras observada no CAAB nas amostras 2 e 4, ambas em dias com canoagem, com tendência a um pequeno aumento na proporção dessas espécies nas amostras subsequentes, (5, 6 e 7), sugere que pode ter havido uma resposta adaptativa de acomodação de algumas espécies à mudança na condição de funcionamento do sistema, devido ao impacto causado pela metodologia de amostragem. Pode, no entanto, estar refletindo o efeito inicial da prática da canoagem nos primeiros momentos, com uma tendência posterior de adaptação à presença dessa atividade antropogênica, lembrando que, durante o período dos experimentos, o uso esportivo foi proibido e introduzido apenas nos dias determinados para amostragem. O efeito mais provável, no entanto, de acordo com a tendência demonstrada pela aplicação do modelo, pode ser atribuído a uma combinação dos dois factores (manipulação do canal e canoagem), com a ressalva de que as abundâncias nas amostras 5, 6 e 7, foram geralmente baixas.

Entre os factores introduzidos no meio ambiente pela prática da canoagem podemos considerar fundamentalmente a presença de objectos estranhos (caiaques e remos), capazes de produzir alterações visuais e sonoras no meio aquático. Para além do cenário visual, geralmente limitado a distâncias relativamente curtas, o cenário sonoro pode estender-se muito mais longe, proporcionando à fauna aquática uma ampla "visão" do seu mundo, pelo que o som no meio aquático é de fundamental importância para a perceção do meio envolvente (Popper e Hastings, 2009). Muitos organismos produzem sons para comunicar à distância com os seus parceiros, descendentes e outros co-específicos, ou para encontrar presas e identificar outros objectos de interesse, utilizando a ecolocalização (Popper e

Hastings, 2009). Segundo estes autores, tudo o que interfira com a deteção do som tem o potencial de afetar significativamente os processos vitais, não só do indivíduo, mas também da reprodução e sobrevivência da espécie. Dentre os diversos efeitos dos sons, podem ocorrer também alterações comportamentais, resultando na saída dos animais das áreas de alimentação ou reprodução.

Os dois trechos do Canal da Piracema avaliados neste estudo (CAAB e CAIN) representam trechos relativamente curtos e ambientes muito pouco estruturados, aparentemente utilizados apenas como corredor de passagem pelas diversas espécies migratórias em trânsito pelo sistema. Exceptuando a abundância de *L. vittatus*, a baixa frequência de outras espécies sedentárias nas amostragens corrobora esta evidência, mas também sugere que espécies não migratórias podem ser mais vulneráveis aos efeitos antropogénicos em ambientes pouco estruturados. No entanto, os efeitos mais prováveis da canoagem sobre as assembleias de peixes na CAAB podem resultar da visualização das embarcações pelos peixes (efeito indireto), especialmente quando a turbidez é baixa, e das acções dos remos que são energeticamente movidos durante a canoagem (efeito direto; mecânico e sónico; para mais detalhes ver as revisões de Liddle e Scorgie, 1980, e Wolter e Arlingus, 2003). De acordo com Mueller (1980), as embarcações remadas a velocidades mais baixas tiveram maior impacto para *Lepomis megalotis*, afastando os machos dos seus ninhos.

A aparente preferência de algumas espécies por um ou outro canal, como sugerem os dados observados no Exp3 e Exp4 (ver Anexo 2) e também a ordenação (Fig. II-6), que caracterizou variações entre as amostras obtidas na CAIN e na CAAB, possivelmente está relacionada às suas capacidades natatórias. O CAIN tem um regime menos turbulento e opera com cerca de 25% do caudal do CAAB, o que contribuiria para atrair espécies com maior dificuldade em ultrapassar águas rápidas, como *P. maculatus* e *L. friderici*, visivelmente mais abundantes no CAIN, como também *Hypostomus* spp. (não contabilizadas, mas abundantes no CAIN). De referir ainda que as espécies referidas são de pequeno porte e de hábitos migratórios noturnos, evidência que é reforçada pela ausência ou reduzida frequência das mesmas nas amostragens efectuadas durante o dia. Este facto sugere que as condições hidráulicas do CAIN, com menor caudal e profundidade, se revelaram adequadas para estas espécies, principalmente durante a noite, quando a menor visibilidade pode proporcionar uma maior sensação de segurança aos peixes a pouca profundidade. Indivíduos de grande porte de *P. lineatus*, que possui um hábito predominantemente diurno (Godoy, 1972; 1975; Pessoa e Schulz, 2010), também foram capturados na CAIN durante a noite.

Algumas espécies migradoras demonstraram uma aparente preferência pelo CAAB, como *Leporinus elongatus, Schizodon borellii* e *Salminus hilarii*, enquanto *Salminus brasiliensis* ocorreu indiscriminadamente em ambos os canais. No entanto, *S. brasiliensis*, assim como *P. lineatus*, ambos tipicamente migratórios e com maior ocorrência no CAAB nas amostras coletadas durante o dia, também parecem utilizar o CAIN nos dias em que ocorrem atividades esportivas no CAAB. A presença proeminente de *L. vittatus* no Exp1 e Exp2, apesar de ser uma espécie não migratória, sugere hábitos predominantemente diurnos e corrobora sua preferência por biótopos de rios e canais (Gaspar da Luz, *et al.*, 2002).

Nas barragens de Cromwell e Beeston, no Reino Unido, onde é utilizado um percurso de canoas slalom como passagem para peixes do tipo Denil, a eficiência da passagem é questionável. O principal problema observado foi que o fluxo natural direciona os peixes para o lado oposto da entrada do canal, e as vazões artificialmente altas e baixas necessárias para alimentar o slalom, quando este está em operação (durante o dia) e em modo de espera (durante a noite), impõem uma barreira à migração para montante (Cowx, 1998). No Canal da Piracema, entretanto, não há restrição ao uso da água, exceto em períodos de depleção do reservatório de Itaipu, o que naturalmente reduz a vazão para o sistema. É possível, ainda, que a operação simultânea da CAAB e da CAIN (ambas com vazões comprovadamente adequadas à atração de peixes), propicie condições para que as espécies migratórias utilizem a CAIN como alternativa à CAAB nos dias de atividade esportiva. Para isso, o NCAA deve passar por ajustes que o tornem semelhante ao CAAB, para garantir que a mesma quantidade de peixes suba quando o CAAB estiver em operação. No entanto, o papel do CAIN na movimentação dos peixes deve ser avaliado com maior detalhe.

Finalmente, foi demonstrado que a canoagem e a manipulação do CAAB para a realização das experiências tiveram um efeito negativo sobre o movimento dos peixes (melhor ajuste do modelo polinomial, cenário 4). Portanto, as necessidades dos peixes parecem ser influenciadas pelas actividades dos canoístas. A acomodação da canoagem em canais onde os peixes se movimentam pode comprometer a passagem dos mesmos, ou pode haver conflito temporal entre a passagem das canoas e os horários de maior movimentação dos peixes. Isso demonstra que a canoagem e a passagem de peixes migratórios não devem se sobrepor, principalmente durante o período de maior movimentação das espécies de peixes.

Literatura citada

Abad, J. D., A. Waratuke, C. Barnas & M. H. Garcia. 2009. Estudo do Modelo Hidráulico da Calha de Canoa e Passagem de Peixes para a Barragem do Ramo Norte do Rio Chicago. Congresso Mundial de Meio Ambiente e Recursos Hídricos, ASCE: Kansas City.

Agostinho, A. A., L. C. Gomes, & H. I. Suzuki. 2003. Peixes migradores da bacia do alto rio Paraná, Brasil. In: J. Carolsfed, B. Harvey, A. Baer, C. Ross (eds.). Migratory fishes of South America: Biology Social Importance and Conservation Status. 1ed. Vitória: 19-98, 372 p.

Agostinho, A. A., L. C. Gomes & F. M. Pelicice. 2007. Ecologia e Manejo de Recursos Pesqueiros em Reservatórios do Brasil. EDUEM: Maringá; 501 p.

Asplund, T. R. 2000. The effects of motorized watercrafts on aquatic ecosystems (Os efeitos das embarcações motorizadas nos ecossistemas aquáticos). Departamento de Recursos Naturais do Wisconsin, Madison, WI. PUBL-SS-948-00. In: Graham AL, Cooke SJ. 2008. The effects of noise disturbance from various recreational boating activities common to inland waters on the cardiac physiology of a freshwater fish, the largemouth bass (Micropterus salmoides). Conservação aquática: Marine and Freshwater Ecosystems. 18: 1315-1324.

Becker, A., A. K. Whitfield, P. D. Cowleya, Johanna Jarnegrenb & T. F. Næsje. 2013. O tráfego de barcos causa a deslocação de peixes em estuários? Marine Pollution Bulletin 75(1-2): 168-173

Caisley, M. E. & M. Garcia. 1999. Canoe Chutes and Fishways for Low-Head Dams: Literature Review and Design Guidelines. Hydraulic Engineering Series 60. Departamento de Recursos Hídricos de Illinois, Escritório de Recursos Hídricos.

Calles, O. 2005. Restabelecimento da conetividade de populações de peixes em rios regulados. Dissertação. Estudos da Universidade de Karlstad 2005:56 ISSN 1403-8099, ISBN 917063-028-3. Disponível em < https://www.diva-portal.org/smash/get/diva2:5274/FULLTEXT01.pdf > (07 de outubro de 2017).

Clay, C. H. 1995. Design of fishways and other fish facilities. Segunda Edição. CRC Press, Inc.: Boca Raton, Florida. 256 p.

Cowx, I. G. 1998. Fish Passage Facilities in the UK: Issues and Options for Future Development. In: Jungwirth, M., S; Schmutz & S. Weiss. Fish Migration and Fish Bypasses. Fishing News Books, Blackwell Sci. Ltd: Oxford. 438 p.

Dahlgren, R. B. & C. E. Korschgen. 1992. Human disturbances of waterfowl: An annotated bibliography. Departamento do Interior dos EUA, Serviço de Pesca e Vida Selvagem, Publicação de Recursos 188: Washington, D.C.

Environment Agency Fish Pass Manual. Guidance Notes On The Legislation, Selection and Approval Of Fish Passes In England And Wales (Notas de orientação sobre a legislação, seleção e aprovação de passagens para peixes em Inglaterra e no País de Gales). 2010. 369 p. Disponível em:< http://www.doc.govt.nz/Documents/conservation/native-

animals/Fish/fish-passage/fish-pass-manual.pdf > (7 de outubro de 2017).

Fernandez, D. R., A. A. Agostinho, L. M. Bini & L. C. Gomes. 2007. Fatores ambientais relacionados à entrada e subida de peixes na escada experimental localizada próxima à barragem de Itaipu. Neotropical Ichthyology 5(2): 153-160

Fiorini A S, D. R. Fernandez & H. M. Fontes Jûnior. 2006. Canal de Migração da Piracema da Barragem de Itaipu. In: Comissão Internacional de Grandes Barragens - ICOLD (ed). Vingt Deuxième Congrès Des Grands Barrages. Procedimentos. Barcelona: 325-348.

Gaspar da Luz, K. D., E. F. Oliveira, A. C. Petry, H. F. Julio Jr., C. S. Pavanelli & L. C. Gomes. 2002. Composiçao ictiofaunistica da planicie de inundaçao do rio Paranà. In: A Planicie de Inundaçao do Alto rio Paranà site 6. PELD/CNPq. Relatório Anual 2002. Disponível em: http://www.peld.uem.br/Relat2002/pdf/comp_biotico_composicaoIctiof.pdf (07 de outubro de 2017).

Gauch Jr., H. G. 1986. Multivariate analysis in community ecology. Cambridge University press (Cambridge studies in ecology, 1): Cambridge. 298 p.

Goodman, F. R. & G. B. Parr. 1994. The design of artificial white water canoeing courses. Actas da Instituição de Engenheiros Civis - Engenheiro Municipal 103(4): 191-202.

Graham, A. L. & S. J. Cooke. 2008. Os efeitos da perturbação sonora de várias actividades náuticas de recreio comuns em águas interiores na fisiologia cardíaca de um peixe de água doce, o robalo (*Micropterus salmoides*). Conservação aquática: Marine and Freshwater Ecosystems. 18: 1315-1324.

Hahn, L., K. English, J. Carosfeld, L. G. M. Silva, J. D. Latini, A. A. Agostinho & D. R. Fernandez. 2007. Estudo preliminar sobre a aplicação de técnicas de radiotelemetria para avaliar os movimentos de peixes no canal lateral da barragem de Itaipu, Brasil. Neotropical

Ichthyology **5**: 103-108.

Kapitzke, R. 2005. Projeto polivalente para a reparação de barreiras à passagem de peixes nos cruzamentos da University Creek Road, Townsville North Queensland. ISBN 0-646-450026. In: Conferência Nacional de Engenharia Ambiental e Sustentabilidade (ed). Actas da Conferência Nacional de Engenharia Ambiental e Sustentabilidade. Sydney, NSW.

Kapitzke, R. 2010. Diretrizes de planejamento e projeto de canais de peixes. Universidade James Cook. Escola de Engenharia e Ciências Físicas: Austrália. 358 p.

Larinier, M. 2002a. Factores biológicos a ter em conta na conceção de passagens para peixes, o conceito de obstrução à migração a montante. Bulletin Français de la Peche et de la Pisciculture. **364** suppl.: 28-38.

Larinier, M. 2002b. Piscinas, pré-barragens e canais de derivação naturais. Bulletin Français de la Peche et de la Pisciculture. **364** suppl.: 54-78.

Liddle, M. J. & H. R. A. Scorgie. 1980. The effects of recreation on freshwater plants and animals: a review. Biological Conservation **17**: 183-206.

Makrakis S, L. C. Gomes, M. C. Makrakis, D. R. Fernandez & C. S. Pavanelli. 2007. O Canal da Piracema na Barragem de Itaipu como sistema de passagem de peixes. Neotropical Ichthyology **5(2)**: 185-195.

Makrakis, S., L. S. Miranda, L. C. Gomes, M. C. Makrakis & H. M. Fontes Jr. 2011. Subida de peixes migratórios neotropicais na passagem de peixes do reservatório de Itaipu. Rivers Research and Applications **27**: 511-519.

McCune, B. & M. J. Mefford. 1995. PC_ORD: análise multivariada de dados ecológicos. Versão 3.0. Oregon: mjm software design.

Mosisch, T. D. & A. H. Arthington. 1998. The impacts of power boating and water skiing on lakes and reservoirs. Lakes and Reservoirs: Research and Management **3**: 1-17.

Mueller, G. 1980. Effects of recreational river traffic on nest defense by longear sunfish. Transactions of the American Fisheries Society **109**: 248-251.

Pessoa, N. A. & U. H. Schulz. 2010. Movimentos diários e sazonais do grumatâ Prochilodus lineatus (Valenciennes 1836) (Characiformes: Prochilodontidae) no rio Sinus, Sul do Brasil. Revista Brasileira de Biologia **70** (4) (suppl.): 11691177.

Popper, A. N. & M. C. Hastings. 2009. Os efeitos do som gerado pelo homem nos peixes. Integrative Zoology **4**: 43-52. DOI: 10.1111/j.1749-4877.2008.00134.x

Relatório Técnico de I&D W266. 2000. Efeitos da canoagem nas populações de peixes e na pesca à linha. 68p   .   Disponível   em: <http://ea-lit.freshwaterlife.org/archive/ealit:4695/OBJ/21984_ca_object_representations_media _412_original.pdf > (07 de outubro de 2017).

Rodriguez, M. A. & W. M. Lewis. 1997. Estrutura das assembleias de peixes ao longo de gradientes ambientais em lagos de várzea do rio Orinico. Ecological Monographs **67**: 109-28.

Suzuki, H. I., F. M. Pelicice, E. A. Luiz, J. D. Latini JD & A. A. Agostinho. 2004. Estratégias reprodutivas da comunidade de peixes da planície de inundação do alto rio Paraná. In: AA Agostinho, L Rodrigues, LC Gomes, SM Thomaz e LE Miranda. Estrutura e funcionamento do rio Paraná e sua planície de inundação. EDUEM: Maringá: 125-130.

Vazzoler, A. E. A. de M. 1996. Biologia da reproduçâo de peixes teleósteos: teoria e pràtica. EDUEM: Maringà. 169 p.

York, D. 1994. Recreational-boating Disturbances of Natural Communities and Wildlife: an Annotated Bibliography [Perturbações das Comunidades Naturais e da Vida Selvagem na Navegação Recreativa: uma Bibliografia Anotada]. National Biological Survey (U.S.). Relatório Biológico 22. 35 p.

Zuboy, J. R. 1980. A técnica Delphi: uma metodologia potencial para a avaliação da pesca recreativa. In: Technical Consultation on Allocation of Fishery Resources. Vichy. Actas. Roma: 519-529.

Wildman, L., P. Parasiewicz, C. Katopodis & U. Dumont. An Illustrative Handbook on Nature-Like Fishways - Summarized Version. Washington, DC: American Rivers Programs. Relatório.   21p   .   Disponível em   :
<http://www.americanrivers.org/library/reports-publications/handbook-on-nature-   like-fishways.html> (25 de maio de 2011).

Witt, A., B. T. Smith, A. Tsakiris, T. Papanicolaou, K. Lee, K. M. Stewart *et al.* 2016. Exemplary Design Envelope Specification for Standard Modular Hydropower Technology: Projeto para comentário público. Laboratório Nacional de Oak Ridge - Relatório Técnico.

Wolter, C & R. Arlinghaus. 2003. Navigation impacts on freshwater fish assemblages: the ecological relevance of swimming performance. Revisões em Biologia de Peixes e Pescas **13**(1): 63-89.

Conclusões

A maioria das passagens para peixes no mundo é destinada a espécies que realizam seu ciclo de vida entre o rio e o mar, notadamente no hemisfério norte para peixes anádromos, como os salmonídeos. Na região neotropical, para os peixes potamódromos, as passagens para peixes só se justificam como meio de promover o fluxo genético entre populações de espécies com ampla área de distribuição (migratórias), quando existem habitats de desova, berçário e alimentação a montante.

Os estudos aqui apresentados comprovam que o Canal da Piracema é um sistema viável para a transposição de peixes neotropicais com múltiplas finalidades. O sistema, em sua maior parte, mostrou-se funcional, com ressalvas apenas para o chamado Canal de Desàgue no rio Bela Vista (CABV), com 200 m de extensão, que se mostrou o maior obstáculo para os peixes na migração ascendente. Alterações neste troço de forma a facilitar a subida dos peixes e a torná-lo menos seletivo, principalmente reduzindo a turbulência do fluxo, podem aumentar significativamente a eficiência do sistema, contribuindo para melhorar a sua funcionalidade.

No entanto, o sistema foi projetado para operar com vazões em torno de 10 a 12 m^3 /s, considerando as condições normais de operação do reservatório de Itaipu com seu nível d'água entre as cotas 219 e 220 m. Como o Canal da Piracema tem o limite de captação de água na cota 217,90 m, abaixo desta cota o fornecimento de água é totalmente interrompido, inviabilizando tanto a transposição de peixes quanto a prática esportiva. Durante os quase 15 anos de operação do sistema, essa situação excepcional ocorreu em quatro ocasiões, sendo, portanto, a maior restrição que afeta sua funcionalidade. Atualmente, existe um projeto para reduzir o limiar de entrada de água no sistema para um nível inferior.

A limitação ao uso esportivo do Canal de Água Bravas ou Canal de Itaipu, com potencial para influenciar também o Canal de Iniciação, o Lago de Baixo (área de desaceleração das embarcações) e o Lago Principal (utilizado para exercícios de aquecimento), é de fato aconselhável durante a piracema, que corresponde ao período de maior atividade reprodutiva das espécies migratórias. No entanto, a barreira representada pelo CABV à migração ascendente pode estar a impor restrições mais rigorosas do que a própria utilização desportiva como fator de impacto na funcionalidade do sistema

A modificação do Canal de Iniciação (CAIN), tornando-o semelhante ao Canal de Águas Bravas (CAAB), também poderia contribuir para melhorar a eficiência do sistema, pois poderia se tornar uma rota alternativa para os peixes durante o uso esportivo do Canal de Itaipu

O elevado número de espécies encontradas no sistema (mais de 160 segundo levantamentos recentes), incluindo praticamente todas as espécies consideradas migratórias de longa distância para o rio Paraná, faz do Canal da Piracema uma rota de dispersão altamente viável. Desta forma, este sistema de transposição de peixes pode cumprir sua função principal de possibilitar o fluxo gênico da ictiofauna ao longo do corredor de biodiversidade do rio Paraná, embora também possa estar contribuindo para a transposição de algumas espécies antes restritas ao trecho da bacia a jusante de Itaipu, cujas conseqüências ainda são desconhecidas (introdução de novas espécies), fato que deve ter prioridade nas avaliações.

Da mesma forma, o uso esportivo de determinados componentes do sistema, fora do período de piracema, tem se mostrado eficaz no cumprimento da segunda grande finalidade do Canal da Piracema, proporcionando a prática de atividades esportivas através de compromissos ambientais durante oito meses do ano. A possibilidade de estender esse tipo de uso alternativo também para o período da piracema deve ser considerada com cautela, pois já foi demonstrado o efeito da canoagem sobre a assembléia de peixes com a redução da abundância no Canal de Águas Bravas durante a utilização do mesmo para a prática de canoagem. Os padrões de atividade mostraram um comportamento migratório predominantemente diurno para as espécies de Characiformes detectadas pelo sistema RFID (dados não apresentados), coincidindo com os períodos de práticas desportivas. Estudos complementares, a fim de avaliar de forma mais abrangente os padrões de movimentação das diversas espécies, no espaço e no tempo, são necessários para orientar medidas capazes de promover a melhor utilização do sistema e potencializar suas finalidades.

Apêndice

Appendix 1. Variáveis abióticas medidas ao longo das experiências no Canal de Águas Bravas (CAAB) e no Canal de Iniciação (CAIN).

Experiência	Amostragem	Oxigénio dissolvido (mg/l)	Turbidez (NTU)	Temperatura da água (°C)	Caudal na CAAB (m3/s)	Caudal na CAIN (m3/s)
Explorar	1	6	14,5	30,5	9,03	3,1
Explorar	2	5,9		30,2	8,48	2,8
Explorar	3			30,7	8,55	2,76
Explorar	4	6,3		30	9,04	2,7
Explorar	5	5,8	23	30,1	8,83	2,3
Explorar	6	6,3	20,4	30	8,57	2,28
Explorar	7	6,2	29	30,1	7,39	2,36
Exp2	1	3,5	23	30,7	8,73	2,66
Exp2	2	6	20,9	30,9	8,99	2,29
Exp2	3	5,6	27,5	30,7	8,93	2,42
Exp2	4	6,2	26,2	30	8,06	2,13
Exp2	5	6,1	25	30,2	7,93	2,59
Exp2	6	5,9	23,6	30,4	7,78	2,23
Exp2	7			30,4	7,27	2,1
Exp3	1	8,64	3,5	24,4	10,53	2
Exp3	2	8,64	9	23,6	9,64	2,12
Exp3	3	8,55	3,8	23,4	10,26	1,96
Exp3	4	8,65	2,5	24	9,23	2,09
Exp3	5	9,3	7,1	24,2	9,75	2,13
Exp3	6	8,7	1,8	24,5	9,25	1,98
Exp3	7	8,3	2,5	24,5	9,95	2,25
Exp4	1			28,4	7,4	2,05
Exp4	2	8,69	0,4	29,2	7,77	1,69
Exp4	3	7,57	1,5	28		2,25
Exp4	4	6,83	4,1	28,3	8,7	2,33
Exp4	5	7,55	10,2	26,7	7,78	1,87

Appendix 2.   Número de indivíduos por espécie nos experimentos realizados (Cl, C2 e C3 = amostragens com canoagem; TO, Tl, T2 e T3 = amostragens sem canoagem; AB = Canal de âguas bravas; IN = Canal de iniciaçâo).

	A. affinis	B. hilarii	B. orbignyanus	G. proximus	Hypostomus spp.	L. elongatus	L. friderici	L. octofasciatus	L. vittatus	M. paranae	P. hectio	P. maculatus	P. mesopotamicus	P. nattereri	S. borellii	S. brasiliensis	S. hilarii	S. pappaterra	Subtotal
Exp1C1AB		1	1		14	2	1	5	177		9		1			2			207
Exp1C2AB			2	3	2		7		48									1	63
Exp1C3AB									31		3					9			43
Exp1T0AB			1		84	5	2	6	310		57		1			6			472
Exp1T1AB			2		10		3		227		5		1	1		9			258
Exp1T2AB	1				2	2	1	1	63		3					3			76
Exp1T3AB					1	1	2		46		6		1			1			65
Exp2C1AB			1		3	1	3		28							1			37
Exp2C2AB								1	14		1					1			17
Exp2C3AB			1		4		4	2			1					1			13
Exp2T0AB			2		6	3			117		1					5			135
Exp2T1AB						3	21		43										67
Exp2T2AB								4	71		1					2			78
Exp2T3AB									18		4				1				23
Exp3C1AB						1	2		2						5		1		11
Exp3C1IN							11	2	1					9		2			25
Exp3C2AB									1		1					1			3
Exp3C2IN									6										6
Exp3C3AB						6	1		2					2					11
Exp3C3IN						1	14					13							28
Exp3T0AB							11	4	5					1	1		1		23
Exp3T0IN							7		4						3				14
Exp3T1AB						1	1		1						5	1			9
Exp3T1IN							8		1					1	4				14
Exp3T2AB						1	3		4										8
Exp3T2IN						1	9												10
Exp3T3AB						2	1		3		5					1			12
Exp3T3IN						1			6										7
Exp4C1AB							5		2						2		1		10
Exp4C1IN							2				1			2	3	1			9
Exp4C2AB							24		1						1		1		27
Exp4C2IN							83		3						1				87
Exp4T0AB							12	1	4	1	1				3	5	1		28
Exp4T0IN							16		1					1	3	2	1		24
Exp4T1AB				1			34		16					1	2				54
Exp4T1IN							4								2		2		8
Exp4T2AB							11	1	2						1	7		1	23
Exp4T2IN							27							5					32
TOTAL	1	1	10	3	120	30	348	31	1251	2	114	13	4	19	7	76	6	1	2037

Printed by Books on Demand GmbH, Norderstedt / Germany